EXETER HISPANIC TEXTS



XXI

GENARO ALAS

EL DARWINISMO

Publicaciones de la REVISTA DE ASTURIAS.

III.

# EL DARWINISMO

## CONFERENCIAS

PRONUNCIADAS EN EL CASINO DE OVIEDO EN LOS DIAS
25 DE FEBRERO, 4 Y 11 DE MARZO DE 1887

POR

Genaro Alas.

1887.

IMPRENTA
DE LA
Revista de Asturias.

ADMINISTRACION.
Puerta Nueva Alta, 14.
OVIEDO.

GENARO ALAS

# EL DARWINISMO

Conferencias pronunciadas en el
Casino de Oviedo en los días 25 de febrero,
4 y 11 de marzo de 1887

Edición de

F. García Sarriá
*University of Edinburgh*

UNIVERSITY OF EXETER

1978

ISSN 0305 8700

ISBN 0 85989 033 3

A Ana y Paula

Printed by

Exeter University Printing Unit

August 1978

## INTRODUCCIÓN

Publicamos aquí tres conferencias pronunciadas en 1877 por Genaro García-Alas y Ureña, hermano de Leopoldo Alas, Clarín, con el título de El darwinismo. El mismo año fueron recogidas en folleto y publicadas por la Revista de Asturias. G. Alas había tenido una formación militar y técnica, pertenecía al cuerpo de ingenieros militares [1], pero, al mismo tiempo, tenía inclinaciones periodísticas y literarias. [2]

El que estas conferencias fueran pronunciadas en el Casino de Oviedo y publicadas ulteriormente dan prueba de que tal tema era aceptable y había obtenido amplia difusión en España. No obstante, Alas se ve obligado a presentar sus conferencias rodeándose de salvaguardias y prevenciones. El darwinismo era un asunto que despertaba cierto escándalo y suscitaba oposición. No era ello por razones puramente científicas sino a causa del contexto histórico en que las ideas de Darwin, y la extensión y el uso que se hacía de ellas, venían a irrumpir. Me refiero, como es natural, al conflicto entre la Ciencia y la Religión (las mayúsculas aquí son de rigor) al que tantas páginas se dedicaron en Europa y que en España revistió un carácter especialmente agudo en parte a causa de la ausencia de un catolismo liberal.

En fecha tan reciente como 1860 hemos encontrado mención de Darwin. Camilo de Yela refiriéndose a la cuestión oscura del origen de las especies indica que 'Mr. C. Darwin va a publicar pronto una obra sobre este delicado punto, resultado de veinte años de observaciones y experiencias en zoología, botánica y geología' [3]. Creemos que es ésta la primera vez que se nombra a Darwin en España. Hay indicaciones claras de que las ideas de Darwin se conocían en España con anterioridad a la revolución de 1868 [4] pero, como señala M. Méndez Bejarano, el darwinismo no se difunde hasta después de la revolución de 1868 que 'señala un momento crítico en la historia interna de España. La libertad de cátedra, tribuna y prensa facilitó la investigación al par que aficionó a la opinión hacia los temas científicos' [5]. El mismo autor nombra entre los primeros defensores del darwinismo a Antonio Machado y Núñez, el abuelo de los poetas A. y M. Machado [6], y Rafael García Alvárez. Al enumerar las obras de éste último no nombra Bejarano [7] el <u>Discurso leído en la solemne apertura del curso académico de 1872-73 en el Instituto de 2ª Enseñanza de Granada por el Dr. D. Rafael García y Alvárez, Director y catedrático de Historia Natural y Fisiología e Higiene del mismo establecimiento</u>, (a partir de ahora <u>Discurso</u>). Fue publicado en forma de opúsculo en Granada, 1872, y consta de cuarenta y cuatro páginas. Es acaso la primera defensa del darwinismo hecha pública en España por un español. Según García y Alvárez 'la (opinión) que... responde mejor... a los constantes adelantos de la ciencia es la teoría de Darwin sobre el origen de las especies por selección natural' (Discurso, p.2). Es la teoría más conforme con el desarrollo científico de la época, considera que el trasformismo 'es un paso gigantesco' hacia 'la solución del gran problema de la vida desde su origen hasta sus más complicadas manifestaciones' y le parece que es 'la última palabra de la ciencia' (Discurso, p.4). 'La vasta concepción de Darwin', dice luego, 'según el eminente traductor francés de su obra [8] el Origen de las especies, es una filosofía de la naturaleza y de la humanidad, una síntesis universal de las leyes económicas y el código de los seres vivos de toda raza y de toda época' (Discurso, p.10). Es de notar que los defensores entusiastas de las teorías de Darwin hacían hincapié en este aspecto de totalidad explicativa, síntesis, del mundo y del hombre. Veremos luego que las conferencias de G. Alas destacan este lado con todo pormenor. No es necesario decir que García y Alvárez acepta el darwinismo con todas sus consecuencias. Al hablar del hombre señala las analogías que tiene con el gorila, orangután y chimpancé y defiende que estas analogías son no sólo físicas sino también espirituales, 'A tales semejanzas en la organización corporal corresponden semejanzas análogas en las manifestaciones espirituales' (Discurso, p.38). El hombre, dice, tiene 'por progenitores... seres de formas antropoides más aproximadas a él por su organización que ninguna de las formas símidas actualmente vivas, y que sin embargo no fueron hombres' (Discurso, p.40). Termina su discurso poniendo la teoría bajo el signo del optimismo progresista: 'de su humilde y remoto origen' el hombre 'viene elevándose en la inmensa serie de las edades, como resultado necesario del progreso inmanente de la Naturaleza' (Discurso, p.44). Es el Discurso un ejemplo de la difusión alcanzada por el darwinismo en los años que preceden a la restauración de 1874. Era, pues, de extrañar que no se intentara durante este período revolucionario la traducción de alguna de las obras de Darwin. Normalmente se considera que la primera traducción al español de las obras del naturalista inglés data de 1876 [9], pero por nuestra parte, hemos encontrado una traducción de The Origin of Species que data de 1872. La editorial es la Biblioteca social, histórica y filosófica, el impresor Jacobo María Luengo, calle del Fomento, nº 15, Madrid. Se trata de una publicación por fascículos y el número doce comprende la obra de Carlos Darwin el Origen de las especies por selección natural o resumen de las leyes de trasformación de los seres organizados. Lleva un Prólogo que contiene: Prefacio de la tercera edición, pp. I-VIII, firmado por Clemence Royer, Prefacio de la primera edición, pp. IX-XXII, sin firma pero es indudablemente de la misma autora; naturalmente se trata de las ediciones francesas. El nombre del traductor español no aparece. La publicación no comprende más que los tres primeros capítulos completos [10] de la obra de Darwin y al dorso de este último fascículo, en el ejemplar que hemos consultado en la Biblioteca Nacional de Madrid, aparece escrito a lápiz 'suspendido'. No hemos podido averiguar la causa de esta suspensión.

En el Prefacio a la primer edición Clemence Royer mantiene un tono polémico extremado. Tan extremado es que el anónimo traductor español se vio obligado a poner una nota diciendo: 'Como verán los lectores la autora de este prólogo y traductora de la obra de M. Darwin, no tiene nada de católica, ni siquiera de cristiana. Para ella la naturaleza lo constituye todo. Conviene que esto se tenga presente para poder sacar doble fruto de la enseñanza de este libro y leer con prevención sus temerarias afirmaciones'. Con estas palabras el traductor español se cura en salud pero nos parece indudable el carácter ambiguo de las últimas palabras de su nota. Lo que hace Clemence Royer, sin ambages, es destacar el papel del darwinismo en el conflicto entre la Ciencia y la Religión. Según esta autora El origen de las especies va a ser el destructor de todas las concepciones religiosas tradicionales y la doctrina de Darwin es herética no sólo desde un punto de vista católico en particular sino cristiano en general. El darwinismo, indica, se opone a la narración bíblica base de las creencias cristianas. Como veremos después partes importantes de las conferencias de Alas están consagradas a un intento de probar que el darwinismo y el catolicismo no son incompatibles. Pero para Royer no hay dudas, la doctrina de Darwin 'es la revelación racional del progreso' en oposición a 'la revelación divina', 'la revelación irracional de la caída del hombre'. 'Son dos principios, dos religiones en lucha', acaba diciendo, 'son un sí y un no muy categóricos, entre los cuales es preciso elegir, y el que se declare a favor del uno está en contra del otro'.

Estas palabras fueron publicadas en España en 1872. Como es sabido durante el período revolucionario cambia el clima intelectual español, pasándose del racionalismo krausista de base deductiva al positivismo y la defensa de la ciencia experimental e inductiva [11]. Clemence Royer destaca, con razón, la inclusión de la doctrina de Darwin dentro de la ciencia experimental europea; con ello nos damos cuenta de que el ya viejo positivismo cobra nuevas fuerzas gracias al darwinismo y éste pasa a ser elemento principal en el conflicto entre la Ciencia y la Religión. Acabamos de ver los efectos contundentes sobre las creencias religiosas que Royer atribuía a las ideas de Darwin y un escritor reciente, refiriéndose a Europa, afirma que 'the years 1863, 1864, 1865, 1866, 1867 - these were the years when the discussion of Science and Religion changed its character. This was because of Darwin...' [12]. En España este nuevo cambio ocurre en los años que siguen a la revolución de 1868; en el año 1872 se publica el Discurso de R. García y Alvárez y los prefacios de Clemence Royer a la primera traducción, aunque parcial, del The Origin of Species. El darwinismo era el resultado de la aplicación del método positivista a las ciencias naturales; éstas pasan a ser avanzada del positivismo que continúa así su obra de demolición de las creencias tradicionales. El positivismo capta el interés de las nuevas generaciones y el darwinismo (que suele comprender algo más que las ideas de Darwin propiamente dichas) pasa a ser parte importante de ese positivismo, viene a influir de modo decisivo en las ideas morales, religiosas, políticas y literarias. Sin tener en cuenta la influencia del darwinismo no tendremos una idea clara de la vida intelectual de la época.

En las principales revistas de aquellos años aparecen numerosos artículos en los que se trata directa o indirectamente de la cuestión trasformista o darwinista. En ciertos casos se trata de autores extranjeros cuyos artículos se traducen al español sin que siempre se indique la revista de origen, en otros casos se trata de autores nacionales. Estos artículos varían en sus enfoques, a veces son de carácter más bien científico, otros tratan de las repercusiones del darwinismo en la moral, la religión o la política. Aunque en ocasiones no se nombre a Darwin o al darwinismo en particular (lo más corriente es hablar, al principio, de trasformismo o evolucionismo, y más tarde de darwinismo), es indudable que se piensa en las teorías de Darwin pero incluyendo en ellas las derivaciones o ampliaciones a que procedieron otros autores, en especial E. Haeckel. No hubo en España científico alguno que llevara a cabo el papel divulgador de las ideas de Darwin como Huxley en Inglaterra, Haeckel en Alemania o Vogt en Europa. No obstante, se puede decir que el segundo autor mencionado ayudó mucho a la divulgación y extensión del trasformismo en España. López-Morillas ha podido decir que 'de los comentarios' de Haeckel 'sobre Darwin, más que del naturalista inglés, deriva el interés español por la doctrina transformista'[13]. Esto se puede admitir con ciertas precisiones. La primera traducción al español de una obra de Haeckel no tiene lugar hasta 1879 [14], aunque los españoles, aparte de las posibles lecturas en francés, podían conocer las ideas de Haeckel por los artículos que éste publicó en las revistas españolas [15] y por lo de los españoles acerca de su obra en particular o del evolucionismo en general. Pero, no obstante, es imposible olvidar que, como se deduce de los datos ya mencionados, entre los españoles habían alcanzado difusión las obras de Darwin. Otro dato lo tenemos en la obra del agustino Tomás de Cámara, publicada en 1879, cuando incluye entre 'los malos libros científicos' que más circulaban en España a las obras de Darwin, de las cuales dice 'se han vendido numerosos ejemplares' [16]; Cámara no nombra a Haeckel. G. de Azcárate, en 1876, en la parte cuarta de su ensayo sobre 'El positivismo y la civilización' [17] trata del evolucionismo en general y del darwinismo en particular. Nombra a H. Spencer y Huxley pero su análisis y crítica del darwinismo se refiere específicamente a Darwin y su obra; de hecho menciona a Haeckel una sola vez con carácter puramente secundario. Lo que ocurrió fue que Haeckel completó y estudió las ideas de Darwin hasta formular un sistema totalizador del hombre y el mundo, este sistema vino a dar toda su dimensión polémica al darwinismo, y el público en general estaba más interesado en la polémica Religión-Ciencia que en el conocimiento de las teorías científicas de Darwin. Lo curioso es que el libro de Draper no nombre a Darwin para nada pero Cámara al intentar su refutación no tiene más remedio que tomar en cuenta lo que llama la 'cuestión trascendental', es decir: '¿es verdadera la narración del Génesis acerca del origen del hombre? ¿es verdad que no es mono transformado, sino ser nobilísimo hecho a imagen y semejanza de Dios, inteligente, libre, dotado de alma espiritual e imperecedera?' [18]. Esta cuestión, como es sabido, se hallaba planteada implícitamente en The Origen of Species y explícitamente en The Descent of Man.

Los escritores españoles, númericamente están más en contra que en favor del darwinismo, sea por razones científicas, religiosas o fiolsóficas. Los partidarios suyos, como era de suponer, son los positivistas. Hay pocos que defienden enteramente las nuevas teorías, algunos las aceptan con restricciones importantes y, en general, suelen fijarse más en los aspectos polémicos, el problema de la nueva concepción del hombre, las repercusiones morales, religiosas, políticas. Con frecuencia la polémica se lleva con apasionamento pero no faltan los autores más científicos que adoptan un tono sereno; son sobre todo los filósofos y moralistas, con muy pocas excepciones, los que dan el tono polémico a las exposiciones o discusiones sobre el trasformismo. Al hojear las principales revistas del período, la Revista Europea [19], la Revista Contemporánea [20], la Revista de España [21], especialmente a partir de 1875, acaso por las repercusiones del debate que tuvo lugar en el Ateneo en 1875 sobre el Positivismo, se observa que el tema del darwinismo, sea para atacarlo, defenderlo o adoptar una postura intermedia, aparece una y otra vez. El darwinismo viene a ser en este período extensión positivista, de hecho el positivismo encuentra en él uno de sus mayores refuerzos.

G. de Azcárate, en el ensayo que escribió después del debate ateneísta a que acabamos de referirnos [22], coloca las ideas de Darwin dentro de lo que llama el positivismo ontológico que es, nos dice, una forma de materialismo. Para Azcárate 'entre el espíritu y la materia se da un límite que es infranqueable para la transformación y la evolución', este límite lo franquea Darwin cuando pretende 'que el sentido moral es el grado más elevado de lo que es el instinto social en el animal'. En el orden jurídico la aceptación del darwinismo llevaría a la exaltación de la fuerza. En el orden social los efectos serían igualmente nefastos, tanto desde la perspectiva de 'la escuela individualista' como desde la de 'la escuela socialista'. En el primer caso se llegaría a la conclusión de que aplastar al débil no sólo es irremediable 'sino a la postre un bien'; en el segundo caso, nos dice de forma característicamente krausista, 'el interés de clase, que es relativo' viene a sustituir 'el principio, que es absoluto'. En el orden religioso el positivismo ontológico puede tomar dos direcciones, ambas contrarias a la religión, la del 'naturalismo ateo' o la del 'monismo'. En todas los órdenes examinados Azcárate llega a la conclusión de que la aplicación de las ideas de Darwin tendría efectos perniciosos.

La publicación en 1872 de The Descent of Man, al hacer explícito lo que se hallaba implícito en la primera obra de Darwin, es decir el cambio radical en cuanto a la posición del hombre en el mundo, más la generalización y extensión del darwinismo por parte de sus seguidores, ambas cosas tenían que provocar reacciones y condenas, algunas de gran extremismo. Antonio María Fabié, de tendencia hegeliana, es uno de los que condena el darwinismo, en bloque: 'todas sus doctrinas (de Darwin) son infundadas' afirma rotundamente [23]. El mismo año 1874 J.J. d'Omalius d'Alloy adopta una actitud crítica más atenuada [24]. Intenta este crítico conciliar darwinismo y religión: 'La hipótesis del darwinismo', dice, 'se aplique o no al hombre, no contradice las palabras de la Biblia'. D'Alloy toca aquí al punto sensible en el que el darwinismo venía a inscribirse en el amplio debate del siglo XIX del conflicto entre la Ciencia y la Religión. Es cierto que los darwinistas no habían podido probar con hechos que el hombre y el mono tenían un antecesor común, pero no es menos cierto que se admitía que el hombre era un producto de la evolución y tal afirmación entraba en conflicto con la narración bíblica. Como indica Chadwick, 'Science proved, - so between 1870 and 1885 many non-scientists recognized - that, even though man was not an ape, he had evolved in some such way as apes evolved. And the book which more than other book in Europe, was God's book, said that he did not' [25]. Para enfrentarse con este obstáculo d'Alloy afirma que lo único que dice la Biblia a este respecto es que Dios formó al hombre a su imagen, 'lo cual no puede aplicarse a sus formas materiales', precisa, 'sino más bien a la fuerza que le animaba, y que por ser imagen de Dios debe ser inmortal'. Con estas palabras se admite la idea de una evolución física, del cuerpo, siguiendo el desarrollo de las especies animales pero dejando fuera al alma, creación directa de Dios. Esta fue la forma en que algunos católicos trataron de conciliar el darwinismo con la concepción tradicional del origen del hombre; así lo hizo el dominico francés M.D. Leroy en obra que comentaremos después ya que G. Alas se sirvió abundantamente de ella con el intento de probar a sus oyentes que el darwinismo no estaba en contra de la ortodoxia católica. En contra de todo intento conciliatorio, a diferencia de d'Alloy, J. Vilanova y Piera [26] se niega a aceptar la teoría darwinista ya que ésta, indica, no se ajusta ni 'con los hechos que pretende explicar, ni con la unidad de la creación, de la que quiere ser su principal fundamento'. Vilanova, tanto más de destacar cuanto que era catedrático de Paleontología de la universidad de Madrid, afirma rotundamente que 'la Paleontología... no registrá un solo dato en su favor' (del darwinismo) y por eso, sigue diciendo, está tranquilo de que su 'conversión al darwinismo aún ha de tardar mucho en realizarse'. Termina Vilanova refugiándose en el ignoramus al hablar del 'por ahora insoluble problema del origen del hombre'. Como Fabié forma parte Vilanova del numeroso grupo de españoles que, desde diferentes campos, el científico en este caso, se opusieron a la nueva doctrina transformista [27].

El mismo año 1876 en que apareció este artículo condenatorio de Vilanova se publica en la Revista Contemporánea, bajo las iniciales E.G., un ensayo que manifiesta actitud favorable a la teoría darwinista [28]. De este modo vamos viendo que el público español se hallaba ante una actitud alternante de defensa (o aceptación atenuada)-condena del darwinismo y que la primera alternativa procedía generalmente de autores extranjeros. Se dice en el ensayo que comentamos que el darwinismo era cosa ya admitida sin más problema pendiente que el del hombre, última fortaleza de los 'sostenedores de la antigua fe'. Pero esta fortaleza 'se desmorona hasta sus cimientos'. Si se probara la ascendencia común al hombre y al mono, sigue diciendo este autor, sería posible admitir la teoría darwiniana 'en su totalidad'. Se plantea así el problema del eslabón perdido que por aquellos años pasó a ser palabra clave en la polémica darwinista. Ya que las teorías de Darwin van ganando terreno, sigue diciendo, y van confirmándose por los descubrimientos de geólogos y arqueólogos, el problema de hallar el eslabón perdido sería cuestión de tiempo. Incluso se llega a prever el advenimiento del superhombre, 'un ser aún más elevadamente organizado', ya que 'el progreso es la irrevocable ley de la naturaleza'.

Vemos, pues, que, aunque se trate de traducciones de autores extranjeros, en las páginas de la Revista Contemporánea se recogen no sólo actitudes que simpatizan con el darwinismo sino defensas abiertas del mismo con aceptación de todas sus consecuencias. Tal es el caso de J. Saury quien comentando la Antropogenia de E. Haeckel [29], tras defender la ley de recapitulación que otros autores han llamado ley de Haeckel [30], presenta al hombre como producto del desarrollo de los simios: 'los caracteres todos del cerebro humano indícanse ya en los monos inferiores y están más o menos desarrollados en los antropoides', 'en el curso de su evolución embrionaria el cerebro de todo hombre pasa todavía por el tipo simio'. Basándose en esta ley de recapitulación llega Saury a afirmar que 'la embriología del sistema nervioso es un rápido compendio de la evolución histórica que ha seguido el órgano del alma, desde el humilde ganglio sub-exofágio de los gusanos al cerebro, por demás complejo, de los monos antropoides al hombre'. Se afirma así que el hombre en su totalidad era un producto de la evolución y se venía a cerrar el paso a posiciones conciliatorias como la que hemos visto de d'Alloy. De estas premisas científicas saca Saury sus conclusiones filosóficas y religiosas. La ciencia moderna, afirma, ha destruido la concepción según la cual cada especie es la encarnación de una idea divina, la realización de planes concebidos por no se sabe qué artesano singular; se ha llegado, insiste, a la destrucción de lo que califica de 'doctrina caduca': 'Las causas finales se han reemplazado definitivamente en la naturaleza orgánica por una mecánica muy complicada, pero que obra ciega y fatalmente'. No sólo se acaba con 'el dogma de la creación, sino también con el de la Providencia'; gracias a Darwin, nos dice Saury, dejaron de existir 'los viejos sacrosantos dogmas de las causas finales del universo'. No es de extrañar que estas consecuencias extremas del darwinismo haeckeliano dieran matiz especial a la crisis de conciencia en que se sumieron algunos intelectuales españoles a finales del siglo pasado, como ilustra, casi ejemplarmente, el caso de Leopoldo Alas.

No dejaron de existir españoles en este período que aceptaron las ideas de Darwin, más las de Haeckel, con todas sus consecuencias. Tal es el caso de P. de Estasen prologuista de la primera traducción al español del libro de E. Haeckel Historia de la creación natural [31]. El prólogo lo publicó Estasen en forma de artículo en la Revista Contemporánea [32] y en él, tras situar al transformismo dentro de la teoría general de la evolución, se sacan todas las consecuencias a que esta teoría llevaba; se afirma que con el darwinismo 'ha cambiado el concepto que nos habíamos formado de la finalidad total del universo'; las doctrinas evolucionistas defienden la idea de progreso pero la causa de éste no hay que buscarla 'en los designios de la Providencia', pues 'la naturaleza cuando progresa y la sociedad que mejora no tienen planes preconcebidos, ignoran cómo y por qué progresan'. Se encuentra así, como en el caso de Saury que acabamos de ver, en la polémica Ciencia-Religión y Estasen coloca a los oponentes del transformismo en el grupo de 'los enemigos del progreso, los hombres que suspiran por el pasado... lo que lloran instituciones antiguas'; son éstos 'los partidarios del retroceso o los proclamadores del pesimismo'. Puede parecer curioso que la afirmación de este progreso debido a fuerzas ciegas no incline Estasen hacia el pesimismo, sino, por el contrario, hacia el optimismo y a pensar que los pesimistas son los otros, los tradicionalistas que convierten 'en valle de lágrimas esta morada de delicias'. Los tradicionalistas por su parte, por las mismas razones, acusaban a los positivistas de pesimismo. En Francia E. Zola, cuando se hacía esta acusación a los escritores naturalistas, se defendía de modo semejante a Estasen pero estableciendo una distinción de importancia entre fatalismo (posición cristiana tradicional) que cerraba el paso a todo cambio y pesimismo (posición de Zola) que por ser de carácter histórico dejaba abiertas las puertas del futuro. En España Leopoldo Alas, ante acusaciones semejantes, parece hacerse eco del escritor francés al distinguir entre lo que llamaba pesimismo filosófico (el fatalismo de Zola) y pesimismo fenomenal (el pesimismo de Zola).

La misma revista donde había aparecido la defensa ardiente del transformismo de Estasen publicaba al año siguiente un largo estudio del estadista y sociólogo J. Sánchez de Toca sobre el evolucionismo en el que se procedía a condena casi completa del darwinismo [33]. A pesar de ello se destaca su enorme extensión e influencia: 'la religión, la política, toda la ciencia social', dice S. de Toca, 'se convierten en una teoría de la biología', 'con la misma unanimidad, con que antes se creía en el pecado original, se cree ahora en el hombre mono o en el Adán salvaje'. Con razón se sitúa al darwinismo en el centro de los cambios que se están produciendo: es característico de 'la edad contemporánea', afirma, 'ese furor, que está produciendo en las escuelas una simple hipótesis de las ciencias naturales... los principios formulados por Darwin' en sus dos libros mayores. El darwinismo, sigue diciendo, es 'el sistema que mejor personifica ahora el naturalismo moderno, y tambien, a no dudar, el sistema que reúne mayor número de adeptos. Se ha hecho en el día la doctrina de moda, y priva en los libros y en la cátedra. Se ríen los sabios de la Biblia porque no está conforme con la hipótesis de Darwin'.

Se ve así la manera en que el darwinismo venía a inmiscuirse en la vieja querella entre la Ciencia y la Religión: frente a la narración biblica la hipótesis de Darwin. Es posible que S. de Toca exagerara con fines polémicos, o que confundiera la enorme actualidad del tema con la adhesión de hecho a la doctrina, el número de adeptos al darwinismo, pero parece cierto que gozó de gran difusión. No obstante, G. Alas en sus conferencias de 1887 afirma que el darwinismo 'cuenta con pocos partidarios'. Para S. de Toca esta gran extensión del darwinismo justifica el que se le someta a crítica. No va esta crítica dirigida, nos indica, contra el aspecto científico del darwinismo, aunque se insiste una y otra vez en que se trata de una <u>hipótesis</u> y nada más, sino contra sus consecuencias morales, religiosas y sociales. Llega a admitir, adoptando el enfoque que ya hemos visto en el caso de d'Alloy, y que luego veremos al hablar de M.D. Leroy, la posibilidad del evolucionismo por lo que se refiere al cuerpo pero sin admitirlo para el alma. Podría admitirse el darwinismo, dice, si proclamara 'que somos en la creación imagen y semejanza de Dios; que nuestro alma... no ha sido una producción natural y necesaria del desarrollo de las formas vivientes, sino que procede inmediatamente del Hacedor'. Esta posición se podría tachar de moderarla, de aceptación limitada del darwinismo, pero en el resto del largo ensayo no hay más que repulsa de las ideas de Darwin, tanto en términos particulares como generales. En términos particulares rechaza S. de Toca el darwinismo basándose en la filología y la arqueología de la época. Darwin, nos dice, no está al corriente de los estudios filológicos más modernos según los cuales 'en cualquier época que examinemos una lengua, la encontramos acabada y completa', 'imposible, por tanto, aplicar la doctrina del progreso a la formación y desarrollo de las lenguas'. En este aspecto S. de Toca pisaba terreno firme y encontraba apoyo en la creencia compartida entonces de la superioridad de las lenguas clásicas sobre las modernas. S. de Toca no era el único en invocar los adelantos filológicos [34] para oponerlos a la idea evolucionista biológica que tan bien se aunaba con la fe en el progreso tan afirmada en el siglo XIX. El otro punto de ataque concreto era precisamente la idea de progreso continuo en las sociedades humanas. El hallazgo arqueológico de la ciudad de Troya había puesto al descubierto la existencia de una cultura basada en el uso de la piedra sobre otra anterior basada en el uso del cobre. La idea de progreso estaba así desmentida por la arqueología y, además, indica S. de Toca, iba tal idea en contra de la común creencia en la existencia primera de una edad de oro. La conclusión es, afirma el autor del ensayo, que Darwin llega a ofuscarse 'hasta el extremo de presentar como verdades inconcusas las paradojas más desprovistas de seso', y sus discípulos 'desenvuelven las más peregrinas doctrinas del progreso'. En términos generales S. de Toca rechaza el darwinismo porque es doctrina en la que la Providencia queda sustituida por las fuerzas ciegas de la naturaleza, la humanidad pasa a obedecer 'las leyes naturales de su organismo', y estas leyes 'la transforman y arrastran de un modo fatal a cumplir su destino'. 'La escuela darwiniana', y aquí pensaría sobre todo en Haeckel, llega a un monismo que 'no es en el fondo otra doctrina que la del panteismo materialista más grosero'.

Hubo autores que, aunque se alzaban contra esta última conclusión, adoptaban posiciones más matizadas. Tal es el caso de M. González Serrano que se aparta a este respecto tanto de los católicos de toda clase como de los krausistas o de los entusiastas aceptadores del darwinismo en particular o del positivismo en general. Así se ve cuando Serrano examina en toda su amplitud los efectos del naturalismo moderno, en el artículo 'La lucha por la existencia' (a partir de ahora Lucha) [35], y en el libro Ensayos de crítica y de filosofía (a partir de ahora Ensayos) [36]. Sitúa Serrano, como tanto otros, al naturalismo dentro del positivismo que afirma que no hay más conocimiento que el basado en la experiencia. Ahora bien, esta 'moderna ciencia' acababa de recibir su impulso mayor del desenvolvimiento de las ciencias naturales cuyos 'vertiginosos progresos', afirma, invadían el 'campo de la cultura, del arte, de la vida' (Lucha). Serrano está en contra de una ciencia que erige en ultima ratio inapelable, en caso de controversia, al experimentalismo, es decir está en contra de la completa exclusión de la metafísica a que procedía el positivismo. De hecho considera que esta actitud antifilosófica encierra una contradicción ya que el positivismo crea 'una metafísica positivista o una metafísica negativa que viene a constituir... un idealismo al revés' (Ensayos, p.120). Esta crítica filosófica del positivismo no implica una repulsa de éste, como pudiera parecer a primera vista, sino que se aceptan los adelantos que ha traído consigo. No se trata, como indica el propio Serrano, de recurrir a 'eclecticismos ya gastados ni a componendas' sino de la aspiración 'a descubrir en la tendencia general del moderno naturalismo la pretensión justificada de aunar y concretar la especulación con la experiencia, fundando así la unidad del saber y de la realidad, que ha de ser el valladar invencible para toda pretensión escéptica' (Ib., p.121). Esta posición se aparta, pues, de la de los tradicionalistas y de la de aquellos krausistas que rechazan las consecuencias morales y religiosas del positivismo científico, pero también se aparta de la de los que aceptaban el naturalismo sin crítica alguna, e incluso de la de aquéllos que obligados a aceptar ciertas conclusiones se refugiaban en la fórmula escéptica del ignorabimus de Dubois-Reymond[37]. Se trata de una actitud abierta que 'deja al espíritu libre de toda fórmula cerrada y abierto a toda influencia legítima que el progreso ulterior de los tiempos traiga consigo' (Ib., p.120). Según Serrano en la historia de la cultura humana hay dos estados que se van sucediendo, unos son 'los estados verdaderamente sincréticos', y otros los 'estados completamentes críticos'; en los primeros se recogen los frutos del pasado, en los segundos se cambia de derrotero; los sincretismos son cada vez más amplios y extensos y las 'crisis cada vez más profundas y laboriosas', 'a la hora presente', afirma, 'el estado actual de la cultura novísima, iniciada en la protesta de la Reforma del siglo XVI, que persigue incesantemente y a la vez el noble propósito de secularizar el pensamiento y la vida, revela señales evidentes de llegar al término de una profunda crisis en que se ha trabajado hondo y recio para preparar un sincretismo amplísimo, donde nuevos moldes contengan cuantas ideas nuevas agitan en el orden político, social y religioso a la atormentada sociedad actual' (Lucha). Ahora bien, reconoce Serrano que 'la cultura novísima... se halla próxima a caer en el panteísmo monista que formula dogmáticamente Haeckel con sus piedras angulares de un cosmos idéntico e igual en sus evoluciones sin término y de una fuerza impulsora, ciega en sus impulsos e inflexible en sus movimientos' (Ib.). Este tipo de sincretismo posible lo rechaza Serrano pero sin que esto signifique volver a antiguas ideas ya que, aunque las leyes empíricas 'cuyo descubrimiento es debido a Darwin' necesitan en su aplicación de 'muy importantes rectificaciones' (Ensayos, p.147), lo cierto es que 'el progreso del pensamiento va con la aspiración del Monismo a rectificar sentidos escolásticos, que, a pesar de su arraigo en la cultura, son impotentes para la solución de los más graves problemas' (Ib., p.155). La crisis, pues, habrá que superarla, si es que se supera algún día, por la admisión de los límites de la ciencia experimental que así llegaría a admitir el papel que tiene la razón filosófica. La metafísica hoy por hoy se calla, indica Serrano, pero hay que esperar que del rápido descrédito de las especulaciones ideales y del controvertido alcance del experimentalismo ha de surgir en su día superior conjunción de lo real con lo ideal' (Ib., p.133). Las diferentes ciencias de la naturaleza van contribuyendo a la formación de síntesis más orgánicas, menos mecánicas, 'y en día no lejano' las metas a que tienden estas síntesis 'habrán de coincidir... con las especulaciones racionales para determinar la construcción de la Filosofía y de la Naturaleza, los principios fundamentales de la Cosmología' (Ib., p.151). Serrano se aferra a la filosofía pero sin negar el experimentalismo. La filosofía tiene que someterse a 'la comprobación experimental y al contraste del análisis para depurarse de idealistas abstracciones' (Ib., p. 159), pero las hipótesis de las ciencias naturales tienen que someterse a la razón filosófica que actúa de crítica ya que 'sólo puede afirmar que éstas o las otras (hipótesis) por ser contrarias a la esencia del mundo natural son inadmisibles' (Ib., p.161). No nos explica Serrano en qué consiste esa esencia pero sí que afirma que la razón no puede substituirse a la ciencia para formular las hipótesis, si así fuera se caería en el 'idealismo' del pasado, 'es insustituible', nos dice, 'la experiencia, cuyo contenido no puede ser suplido por procedimientos a priori' (Ib., p.161). Nos damos cuenta del margen limitado en que se mueve Serrano y de la amplia admisión del experimentalismo a que procede, aunque tal admisión resulte insatisfactoria. La ciencia experimental tiene la prioridad y de hecho sólo un cambio que ocurra dentro de la ciencia misma permitiría llegar a esa nueva síntesis que se confiaba, o al menos se deseaba, llegaría. Por estó se refiere, en 1884, a los anuncios venturosos de la manera en que examinan los naturalistas convencidos, aun los materialistas, 'la cuestión de la inmortalidad del alma, que consideran cual trascendencia de la vida, donde anhelan concertar lo uno con lo múltiple bajo postulados de razón, que acusan la eterna virtud de que gozan las ideas, madres de la vida, cuando se las ve... surgir del fondo y quinta esencia del experimentalismo más empedernido' (Lucha). En el caso concreto de la psicología, y esta era la especialización de Serrano, también observa la presencia de esta dicotomía y el deseo de superarla: 'arrastra el problema psicológico una existencia ficticia al dividir el pensamiento entre espiritualistas y materialistas' (Ensayos, p.155). Hay que buscar ante esta división un principio unitario y a ello concurren 'las tendencias más fructíferas del espíritu científico y a la vez filosófico' (Ib., p.156). En este idealismo realista, como lo llama Serrano, las concepciones que vienen de la ciencia y de la filosofía 'se emancipan de todo sentido estrecho, perciben lo múltiple y lo complejo de la vida a la vez que lo unitario y simple de su construcción' (Ib., p. 156). Es de interés notar las grandes analogías que existen entre González Serrano y Leopoldo Alas en cuanto al planteamiento que se hacen de la crisis y la manera en que piensan podría superarse. Ambos escritores rechazan lo que llaman idealismo del pasado, ambos insisten en que están viviendo en una época de crisis cuyos orígenes primeros se hallan en la Reforma protestante y sus secuelas y cuya causa inmediata se halla en el desarrollo de la ciencia experimental o positivismo, ambos esperan que desde dentro de esta misma ciencia, de aceptación obligada, se operen los cambios que abran paso a la posibilidad de una superación de la crisis. [38]

En la Revista de España, el mismo año 1884 en que Serrano mostraba su insatisfacción ante el positivismo, Octavio Lois publicaba un artículo de clara defensa positivista en general y darwinista en particular [39]. Para este autor transformismo y darwinismo son lo mismo y 'no puede atribuirse a nadie más que al malogrado Carlos Darwin la gloria de la teoría transformista'. Por lo que se refiere a la psicología moderna, al contrario de Serrano, se jacta de que esta disciplina no se preocupa más que de los 'fenomenos psíquicos' sin necesidad de intervención alguna de 'la entidad metafísica, alma o espíritu sustancial encarnado'. El libre albedrío, afirma, no existe, no es más que 'una ilusión de nuestra conciencia'. En cuanto al origen del hombre, el darwinismo ha dado a este problema 'un nuevo giro positivista', el mismo Darwin en su segunda obra mayor explica 'la descendencia del hombre por selección natural'. Dando pruebas de gran optimismo en la ciencia, 'la palabra imposible', nos dice, 'no puede emplearse en el lenguaje de la ciencia', llega a prever la llegada del superhombre: 'acaso tras el hombre actual venga otra variedad o especie más culta que le venza en la lucha perpetua de la vida'.

Así pues, al acercarnos al año en que G. Alas pronunció sus conferencias, 1887, vemos la amplia gama de opiniones representadas en las diferentes revistas, desde la aceptación y defensa completa del darwinismo hasta la negación total pasando por la aceptación parcial u obligada del mismo. No se llega, ni se llegaría con el tiempo durante el siglo XIX, a la aceptación unánime de lo que ya suele llamarse darwinismo, teoría que, con todas sus diversificaciones y ramificaciones, viene a convertirse en elemento destacado, si no principal, del positivismo décimonónico.

La prueba de constante oposición al darwinismo, incluso ya en la década del 90, nos viene de la Revista Contemporánea, cosa no de extrañar habida cuenta de las ideas que predominaban por esos años en la Dirección de la revista. Hay que destacar dos artículos publicados en ella por el marqués de Nadaillac a causa de la autoridad de que gozaba en los medios conservadores y de la extensión de los mismos [40]. Nadaillac recalca el aspecto de hipótesis de las teorías darwinistas: 'el transformismo vive actualmente de hipótesis, funda sus grandes concepciones en hipótesis, está condenado a hipótesis perpetua'. Ya que el darwinismo se inscribía dentro de la corriente positivista, Nadaillac lo ataca en su propia base diciendo que le 'falta la prueba experimental y es posible que le falte siempre'. No sólo se opone al darwinismo sino a toda idea de evolución de las especies: 'las especies', afirma, 'permanecen constantemente aisladas unas de otras por una barrera fisiológica'. No considera argumentos plausibles ni la selección natural, ni la lucha por la vida, ni el argumento embriológico o ley de recapitulación. Por lo que a esta última se refiere recoge la acusación hecha contra Haeckel de falta de honradez científica: 'autorizados sabios alemanes acusan a Haeckel de haber falsificado de propósito las figuras para favorecer su objeto'. Se trata de una famosa lámina que reproducía los embriones de una tortuga, un pollo, un perro y un hombre, para hacer patente las grandes semejanzas existentes entre estos diferentes embriones. Nadaillac niega la generalidad de esta ley de recapitulación y afirma rotundamente que 'se ha refutado victoriosamente esta hipótesis' [41]. El método de Nadaillac consiste en oponer un naturalista a otro para poner de manifiesto sus discrepancias sin buscar la base común que tienen. Todo ella revela un tono polémico a pesar de tratarse de un artículo de divulgación científica. Al abordar el problema debatido del eslabón perdido afirma que la opinión de los antropólogos está en contra de su existencia ya que entre las osamentas humanas encontradas en los últimos cincuenta años 'ninguna, absolutamente ninguna, pertenece a una humanidad diferente de la nuestra'. En conclusión, Nadaillac es partidario de un ignoramus y un muy posible ignorabimus: 'Hay... que aguardar del porvenir lo que el presente no puede darnos, y ni aun nos atrevemos a esperar que los sabios de los siglos venideros logren descubrir el misterio de nuestro origen'.

Fray Fidel Paulín, agustino, en discurso pronunciado en 1896 en el Real Colegio de Alfonso XII, publicado luego en la Revista Contemporánea [42], nos proporciona datos de gran interés. La doctrina darwinista ha alcanzado difusión amplia en toda España: 'priva hoy', dice Paulín, 'una teoría sostenida con calor y entusiasmo por muchos hombres de ciencia e informada en un espíritu positivista y ateo. Engalanada con aparatoso artificio científico y poseída de un espíritu materialista y hostil a la religión... constituye... un peligro inminente para todos... Habréis comprendido ya que me refiero a la doctrina darwinista o transformista'. Este darwinismo ha penetrado en todos los aspectos de la vida española: 'La aceptación que ha obtenido la doctrina de Darwin', sigue diciendo, 'es verdaderamente pasmosa; puede decirse que lo ha invadido todo... parece no respirarse más que darwinismo. En las conversaciones, en los periódicos, en revistas, en folletos, en los libros y en las cátedras, en todas partes se trata, se alaba, se ensalza o se refuta tan decantada teoría'. Paulín tenía razón al indicar que el positivismo era en aquel momento principalmente darwinismo: a la exclusión de todo lo sobrenatural, 'más aún que las concepciones de los filósofos positivistas, ha contribuido la nueva doctrina del darwinismo o transformismo'. Es decir que, como dijimos, el darwinismo se convierte en la extensión más importante del positivismo y pasa a ser el arma más eficaz dentro del antiguo debate entre la Ciencia y la Religión. Ocurre así, en particular, cuando, como en el caso de Haeckel, los defensores del darwinismo sacan de esta teoría todas sus consecuencias filosóficas y religiosas. Inútil decir que Paulín está completamente en contra del darwinismo y su artículo está dedicado a hacer ver que 'tan desatentada hipótesis' carece 'de sólido fundamento'. Salvo en una ocasión en que invoca la autoridad del pontifice León XIII y la encíclica de éste Libertas, el articulista se apoya para su fin en el trabajo de los científicos que, desde diferentes ramas del saber, aducen pruebas contrarias al darwinismo. Las fuentes de que se sirve no parecen de primera mano y en parte importante proceden de los artículos publicados por Nadaillac en la misma revista. Como tantos adversarios del darwinismo Paulín se interesa en particular en el problema del origen del hombre para, citando al antropólogo Quatrefagas, llegar a la conclusión de que: 'A cuantos me preguntan sobre el problema de nuestro origen no titubeo en responder en nombre de la ciencia: no sé nada'. Como Nadaillac, pues, se confiesa partidario del ignoramus.

Al año signiente, 1897, la misma revista vuelve a publicar otro artículo de oposición al darwinismo [43]. Se trata del discurso íntegro que sobre este tema había pronunciado A. García Maceira en el Congreso católico de Madrid. De lo que nos dice se infiere claramente el carácter polémico que había tenido desde el principio 'la hipótesis darwiniana, objeto de las más entusiastas defensas y también de los juicios más acerbos en los últimos veinte años'. Aunque Maceira trata a Darwin de 'genio incomparable' no vacila en afirmar que la teoría darwinista es un 'sofisma' formado de 'errores'. Maceira se propone refutar a los partidarios de esta teoría invocando la autoridad de los científicos que le son contrarios. Pará este fin se sirve en particular del botánico alemán Naegeli pero sin que por ello acepte las teorías de este último. Maceira, como Nadaillac y Paulín, sigue un método que consiste en buscar oposiciones y contradicciones entre los naturalistas pero sin tener en cuenta el propósito común que los guiaba.

En conclusión de este exposición se puede decir que existen conocimientos aislados del darwinismo con anterioridad a la revolución del 68 pero que es tras ésta, durante la década del 70, cuando tal conocimiento se extiende y el número de publicaciones sobre el tema se multiplica. El darwinismo gana aceptabilidad en la década del 80 y, sobre todo, la del 90, al mismo tiempo van surgiendo derivaciones y desarrollos de la teoría. Desde su misma aparición existe un debate darwinista que nunca termina y los intelectuales católicos, casi sin excepción, se le siguen oponiendo con todas sus fuerzas aun en la década del 90 [44].

Cuando se pronuncian las conferencias de G. Alas, 1887, el darwinismo había adquirido un elevado grado de aceptabilidad pero al mismo tiempo la polémica continuaba; por la primera razón era posible presentar una exposición del mismo ante un público como el del Casino de Oviedo, pero por la segunda razón tal exposición ante tal público tenía que revestir cierto carácter de escándalo.

Las conferencias, aunque marcadas por los usos retóricos de la época, están escritas con claridad y alcanzan en ocasiones cierta elegancia de estilo. Sin ser de pensamiento original, cosa que no se pretende, consigue G. Alas transmitir al público la importancia extraordinaria de esa nueva síntesis científica que es el darwinismo. El uso de símiles, en especial el del árbol de la vida que recorre toda la primera conferencia y sigue apareciendo intermitentemente en las otras, es apropiado y sirve bien al propósito expositivo del conferenciante.

El contenido de la conferencia puede ponerse bajo dos apartes: 1°) 'exposición elemental del concepto darwinista de la creación natural' (p.6); 2°) 'la compatibilidad del darwinismo, bajo ciertas reservas, con todas las ortodoxias', y también 'hasta cierto punto con todas las filosofías espiritualistas' (p.6). Dado el público al que se dirigían las conferencias el punto 2° era el más importante y de hecho G. Alas indica que había pensado en empezar por él pero que luego le pareció que la exposición del darwinismo era necesaria para poder pasar al otro punto. La tarea no era fácil ya que el conferenciante pensaba que iba a hablar de una teoría que 'cuenta con pocos partidarios' (p.5). G. Alas tenía que luchar contra las sospechas de un público prevenido y tratar de 'no chocar de frente con arraigadas precauciones' pues el darwinismo, como señala el propio conferenciante, evoca 'tanto temor' en los ortodoxos, 'tanto desvío y casi desprecio en filósofos de ciertas escuelas', 'tanta antipatía en sabios apegados a la tradición oficial', 'tanta desconfianza instintiva en el vulgo de las personas instruidas, que al oír la palabra darwinismo creen ver surgir indefectiblemente la teoría popular de nuestra ascendencia simiana' (p.45). Se indican así los principales sectores de donde provenía la oposición a la nueva doctrina.

Alas considera que el darwinismo es una de 'las grandes síntesis científicas' (p.6), según él la más importante y la más satisfactoria que existía. Era resultado de la acumulación del conocimiento adquirido en todas las ramas del saber humano. Este aspecto de síntesis al que aboca todo el saber de la época es el destacado con gran vigor por G. Alas y a él se debe el entusiasmo que siente por esta teoría. El darwinismo, afirma, constituye la mejor hipótesis que la ciencia moderna ha propuesto: 'no hay más caminos, o el milagro, o el absurdo, o la filiación transformista' (p.67). Alas va a exponer el modo natural en que surge y se desarrolla la vida. Tras hablar de las teorías relativas al origen del universo, pasa a tratar de la aparición de la vida que coincide con la del agua sobre la tierra. No parece admitir barrera entre lo inorgánico y lo orgánico y, una vez que aparece la vida, se inicia una evolución que llega hasta el hombre: los primeros 'seres animales o vegetales' son como los parientes pobres de una familia que 'concurren con sus esfuerzos a preparar brillante porvenir y gloriosa carrera al hijo favorito' (p.27). Con este símil se viene a afirmar la continuidad de todos los seres, el hombre incluido.

En la segunda conferencia con gran brillantez Alas consigue explicar aspectos esenciales del sistema de relaciones que constituye la base del darwinismo. No hemos visto en ninguna de las exposiciones de esta teoría que hemos leído indicaciones tan claras del carácter sistemático de que esta doctrina se revestía. Hay que distinguir, nos dice Alas, tres escalas: la taxonómica, la ontogénica y la filogénica. La taxonomía es 'el cuadro sintético en que figuran todos los organismos vivientes clasificados por orden de menor o mayor complejidad' (p.32), es decir que, en términos actuales, comprendía esta escala la dimensión sincrónica en un plano puramente descriptivo. La ontogenia comprendía 'el proceso embrionario' de los seres vivientes que 'para todos empieza invariablemente en la célula y termina en el individuo' (p.32). La filogenia (escala filogénica o paleontológica) 'es un cuadro sintético y comprensivo de las escalas taxonómicas y ontogénica de cada período de la historia de la tierra' (p.32). Representa, pues, cortes sincrónicos dentro de la diacronía general de la evolución. El orden de relaciones entre las tres escalas daba la base del sistema que era el darwinismo. Dentro de este sistema la ontogenia ocupa una posición clave ya que 'el proceso de nutrición del embrión recuerda a la vez el proceso de generación de las moneras [45] y el proceso filogénico de su perfeccionamiento' (p.40), es decir que nos hallamos con la diacronía filogénica apareciendo dentro de la sincronía del embrión actual: 'estados embrionarios de seres actuales tienen grandes semejanzas con estados definitivos o formas adultas de seres paleontológicos' (p.40-41). Además, esta semejanza, 'alcanza al orden de sucesión respectivo en el proceso embriológico y el proceso paleontológico' (p.41). El último paralelismo se da 'entre el perfeccionamiento ontogénico y el perfeccionamiento taxonómico' (p.41), es decir, siguiendo la terminología actual, cada estado sincrónico de la diacronía embriológica corresponde con cada estado sincrónico de la diacronía paleontológica. Para ilustrar este punto, Alas trae a colación las famosas placas de Haeckel donde podían percibirse las semejanzas entre los embriones de una gallina, una tortuga, un perro y un hombre. No tratamos de defender la originalidad de Alas, cosa que no existía, sino de indicar que se daba perfecta cuenta de que lo fundamental del darwinismo residía en que era una sistematización totalizadora; 'Vamos a insistir, señores', dice Alas, 'sobre este paralelismo de las tres escalas, pues una vez bien entendido tendréis la clave del concepto darwinista de la creación' (p.33).

La ontogenia, con su aspecto de diacronía en la sincronía, ocupaba un papel primordial en las relaciones entre taxonomía y filogenia, y por esta razón constituía uno de los argumentos más poderosos en favor del darwinismo: 'el estudio de la embriología comparada es el más a propósito para inclinar la inteligencia a la teoría darwinista' (p.40). No sólo esto sino que la embriología permitía que el darwinismo ocupara lugar primordial en el intento de hallar una fórmula totalizadora del universo. El desarrollo alcanzado en el estudio del embrión daba pie para el establecimiento de otro tipo de analogía, entre microcosmos y macrocosmos esta vez, gracias a la cual se pensaba llegar a esa gran <u>síntesis</u> a que nuestro autor se refiere. Hablando de los embriólogos indica Alas que 'la vista de los sabios reforzada con el eficaz microscopio está incesantemente fija en estas maravillosas evoluciones, que, por ese sello de analogía y sencillez que distingue las obras de la naturaleza, remedan en infinitesimal escala esas otros evoluciones que los astrónomos armados del telescopio sorprenden en los espacios siderales' (p.35). Se da aquí un último paralelismo, a escala cósmica, que recuerda las antiguas concepciones clásicas y medievales del hombre como microcosmos del universo [46]. En la conferencia tercera Alas desarrolla este paralelismo comparando los resortes darwinianos de la herencia y la adaptación con las fuerzas que mueven a los astros. Hay en los seres, dice Alas, 'su energía inicial, su energía heredada' que 'es susceptible de adaptarse entre ciertos límites a las influencias del medio ambiente, realizando un tipo que es una resultante de la energía inicial y de las energías exteriores, orgánicas e inorgánicas, que se han combinado con la primera', así se da 'la ley de adaptación o también ley de variabilidad, de divergencia' (p.68). Ahora bien, esto corresponde 'en las teorías astronómicas' con 'dos modalidades de la energía vital, la centrípeta y la tangencial': 'la propiedad aún misteriosa de la gravitación universal, y la propiedad de la inercia se traducen en fisiología por la analogía y la diversidad' (p.68). Es decir que a la herencia de la Biología corresponde la inercia de la Astronomía y a la adaptación (influencias del medio) biológica corresponde la gravitación (fuerzas externas) astronómica. En uno y otro caso nos hallamos ante una manifestación de 'la energía vital'. El paralelismo se lleva hasta el extremo de comparar a las especies biológicas definidas con los astros de órbitas cerradas y a los seres monstruosos con los astros errantes. Con estas analogías Alas llega a dar una fórmula comprensiva del universo entero: 'vamos a buscar un orden de fenómenos biológicos donde se perciba con toda claridad cómo esas dos modalidades innegables de la energía vital, la herencia y la adaptación, tan misteriosas para nosotros como la atracción universal y la inercia, pero tan reveladas en sus efectos, han bastado para realizar los designios del Creador en la esfera telúrica; así como en esa inmensidad de los cielos ha podido producir tantos astros, sin más que esa atracción y esa inercia, que lo mismo determinan la órbita de los sistemas solares que la del más infimo átomo de las células embrionarias; y que a su vez sólo en nuestra limitada razón necesitan estar separadas, pero que en la razón divina formarán con lo que llamamos materia la síntesis suprema, que contiene el universo como obra del Creador' (p.72).

Limitándose a la Biología Alas indica que 'todo individuo es una resultante viable de la energía heredada y de las energías exteriores' (p.70), y éstas obligan al cambio por la adaptación. De este modo evita la cuestión polémica de la selección y de la lucha por la existencia; en realidad, nos dice, no son ambas 'más que combinaciones de la herencia y la adaptación' (p.72). Desde esta perspectiva nos da Alas otra formulación del darwinismo según la cual 'la fuerza vital posee las dos modalidades de la herencia y de la adaptación' y 'el resultado observado de la combinación (de éstas) es la diversificación y el progreso' (p.80), es decir la evolución de las especies desde la monera hasta el hombre. De nuevo, pues, llega a la raíz de la teoría, la idea de una combinación fija que produce resultados variables. En cuanto al hecho de que la evolución sea progresiva no es una necesidad sino un resultado de la observación: 'ese progreso es una ley inducida, es la traducción lógica de los hechos observados' (p.79).

La otra cuestión importante de que trata Alas (en la segunda parte de la 2ª conferencia y en partes de la tercera) es la de la compatibilidad entre el darwinismo y la ortodoxia religiosa, en particular la católica. En el tono general de las conferencias se observa que este problema era secundario, o no existente, para Alas. A él le interesaba el aspecto científico del darwinismo y la otra cuestión le venía impuesta por necesidad a causa del público al que se dirigía. Lo que sentía era que la ciencia moderna no alcanzara a impregnar 'la gran masa ignorante' a causa de que sobre las afirmaciones científicas se cerniera 'la sombra de la heterodoxia'. Según Alas el darwinismo era compatible con toda religión con tal de que se hicieran dos reservas: 1ª) 'exigir la acción directa del Creador para producir la vida en el primer organismo'; 2ª) exigir la misma intervención 'para insuflar el alma racional en el cuerpo humano' (p.47). No se olvida de decir que 'ambas son cuestiones que el mismo Darwin, obrando cuerdamente, dejó intactas' (p.47). Lo cual era cierto pero precisamente por esto había los que aceptaban las teorías de Darwin pero no las de algunos de sus seguidores, especialmente las de Haeckel; tal era el caso, por ejemplo, del propio hermano de G. Alas, Leopoldo, que nunca dejaba de distinguir, al menos en la década del 90, entre Darwin al que se encomiaba y Haeckel al que se repudiaba.

Al hablar de la cuestión religiosa G. Alas, con gran habilidad, pasa a apoyarse en la autoridad de un sacerdote francés para disipar las dudas de los que le oían: 'como yo carezco', les dice, 'de toda autoridad para garantizar mis afirmaciones, llamo en mi auxilio persona cuya competencia tendréis que reconocer y cuya ortodoxia no podréis combatir' (p.47). A continuación procede a dar largas citas de un libro recién publicado en Francia del Padre M.D. Leroy [47], 'de la orden de predicadores', como no se olvida Alas de señalar. Esta indicación era importante ya que Fray Ramón Martínez Vigil, obispo a la sazón de Oviedo, era de la misma orden religiosa [48]. El obispo iba a presidir el ciclo de conferencias del Casino aquel año a invitación de la Junta Directiva pero, como indica Alas en nota, 'altas razones de conveniencia impidieron que el Casino y los conferenciantes recibieran tan señalada honra' (p.83). Como las otras conferencias versaban sobre La cuestión de Irlanda, El socialismo y El parlamentarismo, es de suponer que el obispo se negó a autorizar con su presencia un ciclo de conferencias en el que se iban a dedicar algunas de ellas a hacer la defensa del darwinismo. El hecho de que el P. Leroy fuera dominico como el obispo de Oviedo le fue de gran oportunidad al conferenciante. Alas usa en abundancia de la obra del dominico francés en su intento de demostrar que existía compatibilidad entre el darwinismo y la ortodoxia católica. Lo usa demasiado bien, diríamos, pues el que escuchaba a Alas, podía pensar que no había diferencia de actitud entre él y el P. Leroy, cosa que nos parece muy dudosa, sobre todo si tomamos en cuenta las aclaraciones del autor francés aparecidas en 1891 [49]. Afirma Alas que 'el Padre Leroy es como yo, darwinista, aunque no darwinista haeckeliano' (p.48), pero, en esto, precisamente, estribaba la diferencia. Como hemos visto Alas había invocado las famosas placas de Haeckel, comparando diferentes embriones entre sí en apoyo de su defensa del darwinismo, pero el P. Leroy, en 1891, no dejó de invocar la acusación de falsificación que se había hecho contra Haeckel en relación con estas placas [50]. Es cierto, no obstante, que el P. Leroy representaba una actitud de acercamiento máximo al darwinismo, mejor sería decir al evolucionismo, desde dentro de la Iglesia católica y que Alas llevaba razón en contraponerlo a la actitud de los católicos españoles entre los cuales predominaba la intransigencia más absoluta. El P. Leroy se alzaba contra los católicos que condenaban el evolucionismo en bloque pero, por su parte, no aceptaba el darwinismo en su totalidad ni siquiera en la extensa medida en que lo hacía Alas, por eso creemos que las invocaciones del P. Leroy hechas por Alas en defensa de su idea del darwinismo resultaban equívocas. Si tomamos, por ejemplo, la importante cuestión de la ascendencia del hombre, Alas recurre al P. Leroy citando las palabras de éste de que no cree en la ascendencia simiana del hombre pero que, aunque así fuera, lo único que probaría es que 'en rigor el cuerpo del hombre podría derivar del cuerpo del animal', pero se trata 'de una simple posibilidad, no de una certidumbre' (p.55) [51]. Esto fue suficiente para que algunos autores en Francia entendieran que el transformismo defendido por el Padre predicador se extendía al hombre también y el Padre Leroy se vio obligado en 1891 a publicar otro libro en el que afirma tajantemente que el evolucionismo que él propugnaba excluía al hombre: 'il n'y est (en el libro de 1887) absolument question que des espèces animales et végétales; il n'y a pas un seul mot qui vise de près ou de loin le corps humain' [52]. Más adelante recuerda la posición ortodoxa: 'la théologie catholique, je dis à dessein catholique, car l'Eglise a pleinement adopté comme sienne cette doctrine de l'Ecole sur le composé humain, la théologie catholique réprouve d'une façon formelle l'opinion que ferait dériver le corps humain de l'animalité' [53], si es así en cuanto al cuerpo es indudable que el alma 'ne saurait donc dériver de l'animalité, elle sort directment des mains du Créateur' [54]. En realidad los enfoques del P. Leroy y Alas son bien diferentes; el primero parte del catolicismo para aceptar todo cuanto puede del darwinismo mientras que el segundo parte del darwinismo intentando ceder todo cuanto puede en favor del catolicismo; sin embargo, creemos, la conciliación no se realiza a menos que se renuncie a aspectos esenciales de una u otra doctrina, es decir que tal conciliación era imposible. Así vemos que Alas, a partir de una posición darwinista, dice: 'yo no vacilo en creer que el hombre desciende por selección natural de otros organismos inferiores, cuyos informes retratos pueden sorprenderse en el proceso ontogénico; yo creo, señores, que hubo un momento supremo, en que ese organismo primitivo modificado por la adaptación tuvo las condiciones necesarias para que en él latiese el alma racional; fue nuestro padre un bruto y no nos avergoncemos de nuestro origen, pues a formarnos contribuyó todo el universo por voluntad de Dios en el momento de la creación' (p.82). Tal es la posición de Alas y en lo demás que dice no hay mas que concesiones al público que le escuchaba. Alas no solamente incluye el cuerpo dentro del proceso de la evolución sino que la propia racionalidad está comprendida en él. La teoría darwinista, aunque no se comprendiera en ella más que las ideas de Darwin y Haeckel, admitida en su totalidad difícilmente podía conciliarse con la ortodoxia católica del momento, ni siquiera con una posición de máxima concesión como la que representaba el P. Leroy [55]. La conciliación a que Alas cree llegar con sus concesiones es más aparente que real.

No se transpira en estas conferencias la menor sombra de inquietud ante la admisión en grado tan completo del darwinismo con todas sus consecuencias. Predomina en el conferenciante la actitud del científico; para G. Alas el darwinismo es la gran verdad científica del siglo: 'la teoría darwinista.... ocupará por derecho propio una de las más brillantes páginas de la historia del progreso, que ha de ser leído constantemente y con creciente veneración por todos los amantes de la verdad; lo mismo por aquéllos que en el acrecentamiento del tesoro científico sólo ven un signo cierto de la caridad divina del Creador... que por los que, privados de los consuelos de las grandes convicciones religiosas, marchan por el trabajoso camino de la existencia melancólicos pero serenos' (p.4). La verdad científica se sitúa aparte de las actitudes religiosas. G. Alas da plenas pruebas en estas conferencias de la serenidad con que aceptaba las conclusiones darwinistas pero su hermano, Leopoldo, tanto en sus ensayos críticos como en su obra de creación literaria, especialmente Su único hijo, da expresión a la profunda turbación en que el positivismo en general y el darwinismo en particular lo habían arrojado.

Constituyen estas conferencias un documento importante para juzgar de la situación en que se hallaban algunos intelectuales españoles en el último cuarto del siglo XIX. La parte expositiva no tiene paralelo en ningún otro escrito de aquellos años por el entusiasmo y la convicción con que se defiende el darwinismo y la manera clara en que se pone de relieve todo su alcance. La parte dedicada a la defensa de la conciliación entre darwinismo y ortodoxia católica de la época, aunque, a nuestro parecer, bien intencionada, no nos parece que consiga su finalidad. Dudamos de que hubiera un solo oyente que pensara en la posibilidad de tal conciliación.

## NOTAS DEL EDITOR

1. Esta edición es reproducción de la edición en folleto hecha por la Revista de Asturias con la única salvedad de que se han modernizado la ortografía y la puntuación. G. Alas llegó al grado de teniente coronel de ingenieros antes de pedir el retiro a los treinta años. Fue profesor de matemáticas en la Escuela de Estudios Superiores de Madrid. Publicó algunos estudios de carácter militar y técnico: Aplicación de los cañones revólveres en la fortificación permanente, Madrid, 1873; La movilización de 1887 en Francia, Madrid, 1888; Las aguas potables para el campo y plaza de Gibraltar, Madrid, 1884.

2. Fue por algún tiempo director de la Revista de Asturias. Colaboró en la prensa madrileña y asturiana. Hemos podido ver dos de sus colaboraciones de asunto militar: 'Páginas castrenses', La España moderna, 14, 1890, pp.101-108; '¿Por qué está descontento el Ejército?', La España moderna, 16, 1890, pp. 125-237. Tradujo del alemán la novela Los antepasados. Ingo. de Gustavo Freytag, publicada en Madrid, s.a., por V. Sanz. Para más datos biográficos véase M. Gómez-Santos, Leopoldo Alas 'Clarín', Oviedo, 1952, pp.23-24.

3. 'De la antigüedad de la aparición del hombre en la tierra', Revista de los progresos de las ciencias exactas, físicas y naturales, Madrid, 10, 1860, pp.125-6. De Yela da traducción resumen de este artículo publicado en la revista L'Institut y cuyo autor es Mr. Lyell.

4. F. García Alvárez recoge ya la teoría transformista en su libro Nociones de Historia Natural para el uso de alumnos de Segunda Enseñanza, 2ª edición, Arancada, 1867. Véase el ar-

tículo de T.E. Kaplan, 'Positivism and Liberalism', en La Revolución de 1868, ed. C.E. Lida e I.M. Zavala, N.Y., 1970, pp.254-66.

5. Historia de la filosofía española, Madrid, s.a., p.390. En igual sentido T.F. Glick, 'Science and the Revolution of 1868: Notes on the Reception of Darwinism in Spain', en La Revolución de 1868 acabada de citar, pp.267-72.

6. Sobre A.M. y N. puede verse el artículo de J.G. Brotherson, 'Antonio Machado y Núñez and Positivism', B.H.S., 41, 1964, pp.223-39. T.F. Glick, editor de The Comparative Reception of Darwinism, Austin y Londres, 1974, y autor del capítulo 'Spain', nos da, en nota 49, p.324, la siguiente bibliografía de A.M. y N.: 'Apuntes sobre la teoría de Darwin', Revista Mensual de Filosofía, Literatura y Ciencias, 3, 1872, pp.461-70; 'Teoría de Darwin: Combate por la existencia', ib., 4, 1872, pp.3-8; 'Teoría de Darwin', ib., pp.129-33.

7. Sí que nombra el libro Nociones de Historia Natural y el trabajo titulado Exposición y examen de la doctrina transformista, sus antecedentes y consecuencias, que fue premiado en público certamen organizado por el Ateneo de Almería, y el Estudio sobre el transformismo, Granada, 1883, con prólogo de J. Echegaray. Este último trabajo consta de 384pp. y termina con una bibliografía de las publicaciones de Carlos Darwin que comprende cuarenta apartes.

8. Se refiere sin duda a Clemence Royer quien tradujo The Origin of Species al francés en 1864. El Discurso está fuertemente influido por lo que esta autora dice en los prefacios de su traducción.

9. A partir del artículo de J.A. Zabalbeasca, 'El primer traductor de Charles R. Darwin en España', Filología Moderna, 8, 1968, pp.269-75, en el que se dice que El origen del hombre. La selección natural y la sexual, por Carlos R. Darwin, Barcelona, 1876, era la primera traducción al español

de las obras del científico inglés. T.F. Glick, op. cit., p.311, da la misma fecha. Igualmente D. Núñez Ruiz, La mentalidad positiva en España: desarrollo y crisis, Madrid, 1975, p.171.

10. La primera traducción completa de la obra de Darwin es: Origen de las especies por medio de la selección natural o conservación de las razas en su lucha por la existencia, trad. de la 6ª ed. inglesa por Enrique Godínez, Madrid, Biblioteca Perojo, 1877. Se reeditó en 1880.

11. Véase J. López-Morillas, El krausismo español, México, 1956, p.99.

12. O. Chadwick, The Secularisation of the European Mind in the Nineteenth Century (The Gifford Lectures in the University of Edinburgh 1973-4), Cambridge, 1975, p.170.

13. op. cit., p.99.

14. Historia de la creación natural o doctrina científica de la evolución, Madrid, 1878-79.

15. Entre otros, 'Los adversarios del transformismo', Revista europea, 8, 1867, pp.737-50; 'Sentido y significación del sistema genealógico, o teoría de la descendencia', ib., 12, 1878, pp.1-9.

16. Contestación a la Historia del conflicto entre la Religión y la Ciencia de Juan Guillermo Draper, Valladolid, 1879, pp.XII-XIII, nota 2. En este libro se hace la refutación capítulo por capítulo del libro de J.W. Draper, History of the Conflict between Religion and Science, N.Y., 1873. El libro de Draper alcanzó gran difusión por toda Europa, fue traducido al francés, alemán, portugués, italiano, español, polaco y serbio. Fue incluido en el Indice de libros prohibidos el 4 de septiembre de 1876. Tomamos los últimos datos de O. Chadwick, op. cit., p.162.

17. Revista contemporánea, 4, 1876, pp.230-50, 465-99.

18. Op. cit., p.236.

19. 'Sin ser precisamente órgano krausista, manifiesta de refilón una preferencia por el racionalismo armónico', López-Morillas, op. cit., p.190.

20. 'Se inclina a favor del neokantismo con ribetes positivistas', ib., p.190. Es así durante el período en que fue director José del Perojo.

21. 'Incorpora las actividades del liberalismo español doceañista' ib., p.190.

22. Véase nota 17. Recogido luego en el libro Estudios filosóficos y políticos, Madrid, 1877, pp.1-125.

23. 'Examen del materialismo moderno. II El darwinismo', Revista europea, nº 43, 1874, pp.225-9.

24. 'El trasformismo', Revista europea, nº 6, 1874, pp.181-4. Está traducido del Bulletin de l'Académie des Sciences de Bruxelles.

25. Op. cit., p.175. Inútil decir que estas palabras son aplicables a España, incluso sin cambiar las fechas. Lo único discutible sería el número de personas que aceptaban tales conclusiones.

26. En conferencia pronunciada en el Ateneo de Madrid y publicada luego, 'La doctrina de Darwin', Revista europea, nº 114, 1876, pp.356-8.

27. Larga lista de estos oponentes (científicos, médicos, tomistas y krausistas) puede verse en D. Núñez Ruiz, op. cit., pp.176-80.

28. 'Origen y desarrollo del hombre', Revista contemporánea, 3, 1876, pp.403-19, 4, pp.68-82. Es traducción de 'The Origin and Development of Man', The Westminster Review, 105, 1876, pp.62-92. Se trata de un artículo-reseña, sin firma, de: Prehistoric Times, John Lubbock, Encyclopaedia Britannica,

artículo 'Anthropology', E.B. Tylor, 'Antiquity of Man', Charles Lyell, y 'Man's Place in Nature', T.H. Huxley.

29. 'La Antropogenia de Haeckel', Revista contemporánea, 9, 1877, pp.335-45; 10, pp.170-88. Es traducción de Le XIX$^{e}$ siècle. J. Saury, 1842-1915, escritor y filósofo francés, publicó numerosas obras y tradujo las obras de E. Haeckel al francés.

30. J. Saury da la siguiente definición de esta ley: 'La evolución embriológica individual que llama Haeckel ontogenia debe ser un rápido resumen, una breve recapitulación de la evolución paleontológica de las especies'. Un científico actual, W. Le Gros, la define así: 'La sugerencia de que la ontogenia (desarrollo embrionario del individuo) repite, en forma modificada la filogenia (evolución del tipo)', 'El estudio del origen del hombre', en Un siglo después de Darwin, ed. S.A. Barnett, Madrid, 2ª ed., 1969, p.119. Es traducción española de A Century of Darwin, Londres, 1962.

31. Se publicó en Alemania en 1868. Se hizo muy popular en toda Europa. En 1899 tenía ya nueve ediciones y había sido traducido a doce idiomas. La primera edición española está hecha en Madrid, 1878-79.

32. 'La creación, según Haeckel', Revista contemporánea, 17, 1878, pp.148-66.

33. 'La doctrina de la evolución de las modernas escuelas científicas', Revista contemporánea, 21, 1879, pp.55-91, 273-303.

34. Por ejemplo, Fray Ceferino González, teólogo que gozaba de mucha fama. En 'El lenguaje y la unidad de la especie humana', La España moderna, 23, 1890, pp.81-102, basándose en los adelantos de la filología de la época, venía a argüir indirectamente en contra del darwinismo, en particular en contra de E. Haeckel.

35. Revista de España, 97, 1884, pp.404-18.

36. Madrid, 1881. En especial el ensayo titulado 'El naturalismo', pp.119-61.

37. Fórmula que se hizo célebre a partir del famoso discurso pronunciado por este científico alemán en 1872.

38. Para las ideas de L. Alas a este respecto puede verse mi libro Clarín o la herejía amorosa, Madrid, 1975.

39. 'Estudios populares de filosofía positivista. El hombre', Revista de España, 97, 1884, pp.249-73.

40. 'Origen y desarrollo de la vida en el globo', Revista contemporánea, 74, 1888, pp.600-18; 75, 1889, pp.32-48. 'Progresos de la Antropología', ib., 82, 1891, pp.337-56, 468-80, 566-75. El marqués de Nadaillac, 1818-1914, era J.F. du Pouget, arqueólogo y político francés, se especializó en la ciencia prehistórica y publicó numerosas obras.

41. Compárese esta afirmación con lo que dice un científico actual: 'The law of recapitulation and the germ-layer theory have not been shown to be 'wrong'. They have simply lost their special significance in an improving understanding of the mechanics of development, they have been trivialized', P.B. Medawar, Induction and Intuition in Scientific Thought, Londres, 1969, nota 19, p.30.

42. 'Consideraciones acerca del darwinismo', Revista contemporánea, 102, 1896, pp.337-54, 490-504.

43. 'Exposición y examen del darwinismo, Revista contemporánea, 108, 1897, pp.5-23.

44. Hubo algunos católicos moderados cuyas voces se dejan oír sobre todo en la década del 90. T.F. Glick, op. cit., pp.340-3, cita entre los católicos españoles que intentaron armonizar el darwinismo, en algún grado, con el catolicismo a Ceferino González, en su obra Historia de la filosofía, 2ª ed., Madrid, 1886, y, sobre todo, en La Biblia y la ciencia, Madrid, 1891, y a J. González de Arintero, en

su obra La evolución y la filosofía, Madrid, 1898.

45. Las moneras eran los seres vivientes más simples según terminología de E. Haeckel.

46. Puede verse a este respecto la obra de F. Rico, El pequeño mundo del hombre, Madrid, 1970. En la p.147 habla de Zabaleta, autor que defendía que la calidad de 'mundo pequeño' del hombre se 'manifiesta desde el seno materno'. Rico añade en nota al pie de esta página: 'Como es sabido la doctrina pervive en la ciencia moderna (ley de Haeckel, F. Müller, incluso Teilhard de Chardin)'.

47. L'Evolution des Espèces organiques, París, 1887.

48. Se trata del mismo obispo que mantuvo en 1885 una polémica con Leopoldo Alas a raíz de la publicación de La Regenta. Las cartas que se cruzaron en esta ocasión entre ellos, así como otras que intercambiaron con posterioridad, han sido publicadas por M. Gómez-Santos, op. cit., pp.151-75.

49. L'Evolution restreinte aux Espèces organiques, París, 1891.

50. Ib., p.245.

51. La traducción al español de las citas del P. Leroy debe de ser del propio G. Alas. Nótese que el libro del dominico francés aparece en 1887 y que la primera conferencia de G. Alas fue pronunciada el 25 de febrero del mismo año, prueba evidente de la rapidez con que se seguía por algunos españoles el movimiento intelectual del país vecino.

52. Ib., pp.44-5.

53. Ib., p.260.

54. Ib., p.282.

55. Aunque el P. Leroy afirmaba que 'le corps humain ne vient pas de l'animalité', dejaba un resquicio abierto al admitir que 'le substractum destiné à recevoir l'âme humaine pourrait avoir été préparé par le concours des agents naturels au moyen

de l'évolution', *ib.*, p.282. Quizás por ello se vio incluido en la condena que hizo Roma de los autores católicos que habían pensado en la hipótesis plausible del origen animal del cuerpo humano: 'la rétractation imposée en 1895 au P. Leroy, pour son livre *L'Evolution restreinte*... le fait que le P. Zahm dut rétirer du commerce le livre *Evolution and Dogma*... la déclaration demandée en 1898 à Mgr. Bonometti, evêque de Crémone', *Dictionnaire de Théologie Catholique*, Paris, 1946, t. XV, p.1395.

CÁRLOS DARWIN.

# ORIGEN DE LAS ESPECIES

## POR SELECCION NATURAL,

Ó

## RESUMEN DE LAS LEYES DE TRASFORMACION

## DE LOS SERES ORGANIZADOS,

CON DOS PREFACIOS

DE MAD. CLEMENCIA ROYER.

MADRID.—1872.

IMPRENTA A CARGO DE JACOBO MARIA LUENGO, CALLE DEL FOMENTO, 15.

# EL DARWINISMO

## PRIMERA CONFERENCIA

SEÑORES:

La diferencia, que todos vosotros reconoceréis, entre las dificultades que he de vencer para ocupar dignamente este sitio, y las que encontraron mis predecesores, se agravan en el caso presente, y es lo malo que de esa agravación soy yo el culpable. Vinieron a esta silla profesores ilustrados, dueños de su palabra y abundantes en ideas, y vinieron movidos sólo de una gran deferencia a los loables designios de la junta directiva del Casino, y de un deseo naturalísimo de entretener útil y agradablemente aquellas horas que a todos nos han parecido rápidas y pocas. En cambio yo me he brindado a sucederles en la ardua tarea, no por confianza en mis dotes, sino por conocimiento práctico de vuestra gran indulgencia; pero sobre todo, y aquí entra mi pecado, por un deseo invencible de llamar vuestra atención hacia un orden de conocimientos que poco o nada preocupan en la marcha de la vida ordinaria, y que sólo tienen encanto irresistible en la esfera, un poco artificiosa bajo cierto aspecto, de la vida puramente intelectual.

Me propongo, y sirva esta declaración de programa a las tres conferencias en que he de usar y abusar de vuestra tolerancia, daros una idea, la más clara que del fondo de mi nebulosa inteligencia pueda brotar, de la gran teoría moderna del origen y especificación de los seres vivientes que pueblan y han poblado el planeta que habitamos; y cuando de esa teoría tengáis idea adecuada aunque elemental, me lisonjeo de que he de llevar a vuestros ánimos el convencimiento de que ella es acaso el más bello florón de la corona que la posteridad ha de dedicar a la memoria del siglo en que nacimos; título inmarcesible, que como la gran afirmación de Galileo, ocupará por derecho propio una de las más brillantes páginas de la historia del progreso, que ha de ser leída constantemente y con creciente veneración por todos los amantes de la verdad; lo mismo por aquéllos que en el acrecentamiento del tesoro científico sólo ven un signo cierto de la caridad divina del Creador y un motivo de humildad cristiana para la criatura, que por los que, privados de los consuelos de las grandes convicciones religiosas, marchan por el trabajoso camino de la existencia melancólicos pero serenos, sin más apoyo que el que les brinda un ideal incierto de redención lejana y colectiva.

Pero antes de entrar en materia quiero explicaros cierta audacia que acaso hayáis advertido en el título escogido para el tema de mis conferencias; porque, dada la elección de asunto, fácil me hubiera sido no chocar de frente con arraigadas preocupaciones, bautizando mi disertación con un nombre que no evocara tanto temor en los ortodoxos, tanto desvío y casi desprecio en filósofos de ciertas escuelas, tanta antipatía en sabios apegados a la tradición oficial, tanta desconfianza instintiva en el vulgo de las personas instruídas, que al oír la palabra darwinismo creen ver surgir indefectiblemente la teoría poco popular de nuestra ascendencia simiana. Si yo hubiera anunciado que iba a hablaros del origen de las especies vivientes, de la evolución biológica, del transformismo en la historia natural, hubiera desde ese momento disimulado lo que es en mí una convicción profunda, la inmensa grandeza de la idea que surgió en el cerebro privilegiado de Carlos Darwin; idea que como el feliz descubrimiento de Isaac Newton habrá de ser aprovechada por sus sucesores, recibirá perfeccionamientos y correcciones, que serán como las labores y filigranas que aquilatan la belleza de los grandes monumentos; pero la traza que determina su grandiosidad, que revela el genio del artista, esa pertenecerá siempre a Darwin; y así como nadie pronuncia el nombre de América sin evocar el del gran genovés, así en las edades futuras la teoría racional del origen de las especies ha de confundirse con el darwinismo.

Pienso que este exordio un tanto caloroso os haga creer que vais a escuchar una apasionada apología de una teoría que cuenta con pocos partidarios, no todos tan prudentes como sería de desear, y, lo que es más raro, no todos penetrados de la esencia de lo que desaforadamente predican; no lo temáis. También antes de empezar reñida batalla suenan las músicas, se oyen vivas y aclamaciones; pero empeñada la acción el peligro devuelve la serenidad, condición necesaria de la victoria. Ya veréis que pronto me sereno y acometo mi tarea con toda la mesura recomendable en estos casos.

---

En tres puntos divido mi disertación. Primero: exposición elemental del concepto darwinista de la creación natural. Segundo: demostración irrefutable de la compatibilidad del darwinismo, bajo ciertas reservas, con todas las ortodoxias, y por lo tanto hasta cierto punto con todas las filosofías espiritualistas. Tercero: pruebas convincentes de la superioridad de la teoría darwinista sobre todas las demás bajo el punto de vista científico. No es esto decir que yo intente, ni por asomos, convertir al darwinismo a aquéllos de vosotros que de antemano no profesen esta doctrina; ni mis fuerzas alcanzarían a tanto, ni la ocasión es oportuna, ni semejantes convicciones se imponen,no digo ya en tres horas de argumentación, pero ni en muchos meses de asidua y atenta lectura. Estos convencimientos profundos sobre las grandes síntesis científicas vienen a ser como modalidades estables y casi definitivas de las inteligencias; contribuyen a formarlas la educación, la profesión, la idiosincrasia, el género de vida y hasta los accidentes fortuitos de ésta; y si no fuera por no adelantarme a la tesis os diría que esta misma divergencia de opiniones, que adquieren inteligencias de la misma intensidad que han aplicado igual atención al estudio de las cuestiones, tiene la mejor explicación en la teoría evolutiva, base del darwinismo.

Así pues sólo aspiro a que salgáis convencidos de dos cosas: primera, y acaso principal, que el darwinismo no es necesariamente una teoría materialista ni atea; después, que por mucho que choquen algunas de sus conclusiones a nuestros prejuicios y preocupaciones, no es engendro de imaginaciones delirantes, ni obsesión de especialistas poco filósofos, ni instrumento de notoriedad; antes al contrario la teoría darwinista es la única que puede constituir la ciencia de la vida, y la hipótesis que admite es muy superior a muchas hipótesis peripatéticas, que tienen curso oficial en ciencias que reclaman el dictado de físico-matemáticas.

Algo he vacilado respecto al orden en que debería tratar estos tres puntos; y un momento hubo en que creí necesario dar la prioridad a la demostración de la compatibilidad del darwinismo con la ortodoxia católica; pero después reflexioné que esta misma demostración sería más concluyente cuando ya conocierais en sus rasgos generales la teoría científica; y que por otra parte tal apresuramiento revelaría en mí poca confianza en vuestra tolerancia e ilustración; y, como toda disculpa antes otorgada que pedida, pudiera ser a propósito para hacer dudar de mi buena fe y discreción, cualidades que ni la más exquisita modestia exige que uno se niegue a sí mismo.

Y ahora, señores, tenemos el tiempo tasado y la jornada es larga; no os brindo con uno de esos viajes de recreo, a que nos tiene acostumbrados el señor Estrada, marchando a capricho, ya a buen paso, ya perezosamente contemplando las bellezas del paisaje cercano o admirando efectos de luz en el horizonte; tampoco haremos una de esas excursiones científicas en que nos guiaban Buylla o Posada, derechos sí al objeto, pero tomando notas circunstanciadas de cuanto pudiera interesarnos; nuestro viaje será como de negocios; en posta; procuraremos caminar siempre de día, en plena luz, de modo que el paisaje nos quede bastante grabado para reconocerle si volvemos a transitarlo, para inspiraros acaso deseo de visitarlo más despacio y con mejor guía. Me permitiréis pues narrar y argumentar sin citar más hechos ni más autoridades que los estrictamente necesarios; si os convenzo nada os importa por ahora saber a quien se debe el argumento; quizás sea destello del genio, quizás atinada observación de un pobre diablo y con esto además de ceder a necesidades del momento, sigo resabios de mi educación científica; no hay ciencia más ingrata para sus hijos que las matemáticas; matemático hay que llega a envidiable altura y apenas conoce la historia de la ciencia ni los nombres y biografías de los que la han edificado.

---

Hace algunos días comentábase cerca de esta mesa la mala costumbre de algunos estudiantes de empezar todas sus contestaciones diciendo "por ejemplo"; no fuí yo quien menos se rió del caso, y sin embargo también empiezo ahora diciendo "por ejemplo".

Figuraos un árbol de abundante e intrincado ramaje; uno de esos grandes castaños que crecen en las quebradas de nuestras colinas, y para mayor desembarazo de la imagen figuráoslo desierto de hojas, tal como ahora lo veríamos en la misteriosa elaboración de su palingenesia anual. Suponed que alrededor del árbol vertemos carretillas y carretillas de tierra, hasta que sólo asomen a la superficie del terraplén, que pronto cubrirá el verde césped, las más altas ramas; unas sencillas, otras simple o múltiplemente bifurcadas; de tamaños y formas distintas, algunas enclenques y moribundas, otras reventando en savia y lozanía venidera. Y ahora traedme un individuo que posea escasos conocimientos botánicos; un niño poco observador, acaso un fellah acostumbrado a ver el gigante y sencillo penacho de la palmera. ¿No creerá que todas aquellas ramas son sendos arbolitos, cada uno de los cuales ha brotado de la tierra independiente de los otros?

Pues ahora a la vista del inexperto observador levantad una regular capa de tierra; muchas de las que antes parecían plantas independientes, sin más lazo que el intelectual de sus analogías, aparecen ahora como cañas del mismo tronco ligadas por el lazo real de la filiación común. Muchas quedan aún separadas pero se acercan, otras por el contrario parecen alejarse; y aun aparecen ramas nuevas que no emergían a la superficie, ligadas o no a las otras. Desde aquel momento apunta la sospecha; es casi seguro que cavando y cavando todas las ramas irán enlazándose; cavamos, la experiencia confirma la inducción; encontramos la fuente de donde han tomado el raudal de la vida todas aquellas ramas; encontramos el tronco que es el padre común de todas ellas.

La historia natural, señores, hasta el advenimiento de Darwin, era el inexperto observador que ante el intrincado laberinto de especies, con sus variedades y razas, que viven en la época actual de la vida del planeta, conjeturaba que cada especie era un tipo independiente, que por modo misterioso había brotado del seno de la inescrutable naturaleza, sin más lazo que el intelectual que establecían analogías de forma, de estructura interna, de proceso generador y ontológico, de funcionalidad; analogías que sólo fueron bien percibidas cuando ciencias como la anatomía comparada, la embriología, la geografía fisiológica vinieron a ponerse al servicio del conocimiento meramente descriptivo que se llamaba historia natural. Esta persuasión de la independencia de las especies, y de la imposibilidad de encontrar entre las leyes conocidas de la naturaleza ninguna capaz de explicar el origen natural de cada especie, vino a ser el postulado de la historia natural. A ese postulado de la tradición y de la impotencia, postulado anti-científico pues es la negación de la posibilidad de la ciencia biológica, de su armonía interna y de su relación sistemática con el resto de las ciencias naturales, a ese postulado vino a sustituir la teoría darwinista que voy a condensar en pocas frases.

Todos los seres vivientes que pueblan la tierra están ligados entre sí por un lazo real, genealógico, de parentesco tanto más lejano cuanto más diste en la serie paleontológica el antepasado común. De modo que dos especies que hasta ahora se miraban como independientes por lo que respecta a su origen, y que si agrupábamos en un mismo género era sólo por consideraciones puramente lógicas, por exigencias de clasificación, esas dos especies proceden ambas de un tipo específico extinguido, con caracteres genéricos comunes a ambas especies; tipo que a su vez en otra época paleontológica hubiéramos considerado como una especia independiente; de suerte que el género es un grupo basado en la filiación, que reúne las especies como reúne las variedades y las razas dentro de la especie. Dos de esos tipos específicos paleontológicos pertenecientes a un mismo género paleontológico tendrán en la actualidad descendientes, que figurarán en distinto género y en la misma tribu; pero tendrán un ascendiente común en época paleontológica más lejana, hasta el cual habrá que bajar para buscar el grado de parentesco de aquellos descendientes. Así seguiríamos enlazando las familias, los órdenes, las clases, los tipos y los reinos vivientes si fuéramos partidarios de la hipótesis monofilética, o repartiríamos toda la creación viviente en cuatro o cinco árboles genealógicos si, menos radicales que Haeckel, fuéramos como el maestro polifiléticos. Recordad el árbol de nuestro símil y os formaréis clara idea de la teoría darwinista en sus rasgos generales; las particularidades interesantes vendrán a su debido tiempo, cuando estudiemos los fundamentos científicos de la teoría.

Por ahora sólo quiero haceros observar una superioridad incontestable de la teoría darwinista, reconocida por adversarios tan competentes como Quatrefages y Blanchard. Toda clasificación en la teoría, si así puede llamarse, tradicional es artificiosa, es de convención; fuera de la agrupación en especies, que tiene un fundamento real en la filiación, la agrupación en géneros, tribus etc. es cosa arbitraria; tal naturalista da la preferencia a la morfología, a los caracteres exteriores, otro se fija más en los elementos anatómicos, quien prefiere la clasificación organográfica y funcional y escoge como predominantes las analogías de un órgano o función dados; así resultan una infinidad de clasificaciones, que, debemos confesarlo, han ido perfeccionándose a medida que ciencias auxiliares descriptivas y de observación han venido en ayuda de la historia natural; hasta el punto que la clasificación del ilustre Agassiz, anti-darwinista acérrimo, y que ni aun en la especie reconoce como necesario el lazo de la filiación, es acaso lo mejor que hoy poseemos, y a ella procuran acercarse las clasificaciones darwinistas. En cambio éstas tienen un criterio fijo para determinar los grupos naturales, que es el grado de parentesco; desgraciadamente los archivos de la gran familia viviente no son cómodos de consultar; todos los cataclismos en las revoluciones geológicas, todas las energías en los períodos tranquilos de evolución han contribuido a dislocarlos, a dispersarlos, a empobrecerlos. Por eso la ciencia va reconstruyendo con gran lentitud el árbol genealógico; por eso muchas veces hay que rectificar las filiaciones prematuras, y otras no han podido siquiera intentarse; pero antes de Darwin los mismos documentos, que hoy acaban por ser interpretados, permanecían mudos a la interrogación de los sabios que no poseían la clave de la misteriosa cifra.

Hagamos ahora la historia del gran descubrimiento siquiera sea muy de prisa, y enumeremos los precursores de Darwin; pero permitidme aclarar lo que yo entiendo por precursores en todas las ciencias, y particularmente en las naturales y exactas. Paso tras paso en una jornada, larga o corta, vamos apurando la distancia que separa el punto de partida del término siempre deseado de nuestro viaje; cada paso nos acerca igualmente a ese término, pero los hay que llaman más nuestra atención; aquéllos que preceden al momento fijado para el necesario descanso; el último que dimos para sentarnos al pie de la fuente donde apagamos nuestra sed. Todos los esfuerzos de los sabios, los de la humanidad entera, son pasos en el camino de la verdad; pero los grandes talentos dan esos pasos que marcan las leguas de la jornada, el genio da los pasos que permiten a nuestra inteligencia reposar un momento, aplacar nuestra sed de saber en la fuente perenne de la verdad conquistada.

Por eso, señores, sería injusto no citar entre los precursores de Darwin a los grandes poetas, a los rapsodas inspirados que contribuyeron a esas fantásticas cosmogonías base de las religiones hoy desaparecidas con las civilizaciones que alimentaron; cosmogonías cuyos restos no es difícil encontrar en las tradiciones del vulgo, al que predisponen admirablemente para no asustarse de esas trasmutaciones de la forma específica, que erizan el cabello de los sabios naturalistas. También fueron precursores de Darwin muchos filósofos de la antigüedad, sobre todo antes de la afirmación del dualismo irreductible entre el espíritu y la materia; pero, como enérgicamente dice un escritor inglés, estas y otras intuiciones de los antiguos "were not prolific", no fueron fecundas. Eran simples adivinaciones, atisbos de la verdad, que carecían de la base sólida de la observación metódica; como si nuestro inexperto observador del primer símil hubiera presentido que así como las ramas superficiales se bifurcaban, asi las subterráneas debían ir enlazándose en el interior del terraplén; pero sin medios para excavar no podía demostrar la exactitud de su presentimiento.

Muchos siglos trascurrieron sin que las teorías trasformistas sonaran distintamente en la ciencia; notas aisladas, aunque muy importantes y caracterizadas, no faltaron; y ya en época muy moderna, a fines del siglo pasado, empezaron a pensar en la posibilidad de la trasformación sucesiva de las especies Cabanis, Maillet, Oken siguiendo Lamarck, Geoffroy SaintHilaire, y el gran Goethe; ya no eran las metamorfosis fantásticas de las antiguas cosmogonías, las trasformaciones mágicas de los cuentos populares; eran estudios positivos basados en la contemplación y observación de la naturaleza, pero no sistemáticos, no ligados por un lazo etiológico de inducción y deducción; no tenían siquiera ese carácter de programa racional de una ciencia, de método formal preparado para moldear los datos positivos de la observación, que hoy nadie puede negar al darwinismo. Cuando el genio de Goethe, cuando todos esos sabios afirmaron la nueva verdad, ya se había excavado la tierra que escondía a las antiguas generaciones el secreto de la ramificación subterránea, pero desgraciadamente el árbol no estaba en pie; en el interior del terraplén las ramas inferiores se habían podrido, y sus restos dispersos y desfigurados no acusaban a primera vista el enlace genealógico con las de la superficie. Saltaba a los ojos que allí había habido otra superficie análoga a la primera, y más abajo otra y otras; que en cada una habían brotado ramas análogas a las más altas; pero la señal de que las ramas inferiores habían producido las del piso superior, éstas las del que se le sobrepuso, y así sucesivamente, esa señal digo no era visible; de aquí que la mayoría aceptase por la fuerza de la costumbre la idea inexplicable de creaciones sucesivas separadas por períodos de aniquilamiento. Idea paralela a la que entonces sustentaba la geología, que en las visibles huellas de los trastornos que habían modelado la corteza terrestre, sólo encontraba pruebas ciertas de revoluciones universales, de cataclismos gigantescos, tales como nuestro viejo planeta no podría en lo sucesivo presenciar; algo como si al lado de las faunas y de las flores fósiles hubiera que intercalar otro panteón de misteriosas energías para siempre desaparecidas. Idea que había producido en fisiología la de la generación por gérmenes preexistentes, minúsculos retratos del ser adulto que habían de crecer armonicamente en todas sus partes tan pronto como diera el impulso el acto de la fecundación.

Por eso para mí, señores, los verdaderos precursores de Darwin no son los trasformistas de intuición; lo son los paleontólogos, los anatómicos, los geólogos, los fisiólogos; lo son también los grandes navegantes y los grandes viajeros naturalistas, los grandes ingenieros, los químicos, los físicos; y en la imposibilidad de seguir paso a paso sus felices descubrimientos, en la imposibilidad de daros siquiera los nombres de cada estrella de esas magníficas constelaciones, tomemos en cada grupo una, acaso no la más brillante pero la que más convenga a nuestro objeto. Y para hacer justicia, para dar a cada uno lo suyo, lo mismo al talento tenaz y laborioso que al genio potente y adivinador, bástanos aplicar el aforismo de Bacon, otro de los grandes precursores de

Darwin, ars inveniendi cum inventis adolescit.

El gran Cuvier, el inventor de la anatomía comparada, el naturalista que con su incontrastable autoridad ahogó en el primer tercio de este siglo los alientos de la teoría trasformista, que nacía defendida por Lamarck y Saint Hilaire, dice expresamente: "Sin los fósiles los geólogos no hubieran imaginado siquiera la existencia de épocas diversas y sucesivas en la historia del globo". Pero de la verdadera naturaleza de esos fósiles el primero que tuvo fundado conocimiento fué el modesto alfarero francés Bernardo de Palissy. Sabido es que en un principio esos trozos de minerales, cuya forma generalmente borrosa remeda restos orgánicos, eran considerados como juegos de la naturaleza, lusus naturæ, que provista de una de esas propiedades misteriosas, que los antiguos atribuían liberalmente a todos los elementos, habíase complacido en modelar tan acabados simulacros de órganos que sólo podía producir la fuerza vital. No quiere esto decir que antes de Palissy no haya habido espíritus despiertos, a quienes no satisfacía ni la virtud plástica de la tierra, ni su empleo en la producción de los glossopetræ, y pudiéramos citar a Leonardo da Vinci; pero el aplicado alfarero, a quien su contínua y atenta observación del subsuelo parisiense había llevado al perfecto conocimiento de la procedencia orgánica de los fósiles, fué el primero que con constancia, y a través de no pocos sinsabores, sostuvo que los pretendidos juegos de la naturaleza eran restos de animales y plantas, que habían vivido cuando el terreno en que estaban enterrados formaba la superficie del planeta; Palissy mantuvo su afirmación contra doctores y teólogos a fines del siglo diez y seis; cerca de cien años tardó en abrirse paso la verdad que Cuvier reclamaba como antecedente necesario para establecer la historia de la tierra.

Y pasando por encima de nombres tan gloriosos como los de Buffon, Linneo, Jussieu llegamos al mismo Cuvier; los merecimientos de éste son grandísimos; de él puede decirse que creó la paleontología al crear la anatomía comparada, enseñando a reconstituir un tipo fósil por el conocimiento de alguno de sus restos esenciales, a buscar con acierto y probabilidad de éxito el complemento de restos insuficientes para una restauración presumida; condición indispensable para formar catálogos y clasificaciones de la fauna y la flora fósiles y para ligar éstas con las actuales.

Citemos ahora otro nombre más modesto, el de Smith, inventor de la estratigrafía palentológica, teoría cuyo fundamento es la constancia de ciertas especies fósiles en cada capa de terreno, y el orden invariable con que se suceden estas capas; puede decirse que en esto se basa la única cronología posible de la historia de la tierra; Palissy había encontrado las letras del alfabeto en que estaba escrita esa historia, Cuvier recompuso frases y páginas, Smith ordenó esas páginas, quedando así preparando el libro en que había de leer el genio de Darwin.

Los principales colaboradores de éste en lo referente a geología fueron Elie de Beaumont y Carlos Lyell; el primero con su hermosa teoría de los levantamientos parciales, el segundo con el restablecimiento del predominio de las causas actuales; el uno estudiando las revoluciones geológicas, imponentes pero de extensión siempre limitada, el otro poniendo de manifiesto los efectos paulatinos pero asombrosos de la evolución, ligaron de un modo racional el pasado y el presente de nuestro planeta; y en este concepto puede decirse que dieron a Darwin facilidades inapreciables para el estudio filosófico de la gran idea que germinaba en su cerebro; desterrando de la historia inorgánica del planeta el concepto de algo inexplicable, de algo inconcebible, de algo que nunca habían podido contemplar humanos ojos, ni representarse la imaginación humana, brindaban a aplicar igual criterio al estudio de la historia de los seres orgánicos.

Raspail, Schwann y Baer, grandes fisiólogos que revelaron a la ciencia la histología y la embriogenia, dieron a la teoría darwinista su más sólido apoyo; la teoría celular de los dos primeros ha ligado para siempre el proceso ontogénico de todos los seres, y los trabajos embriológicos del último han explicado la armonía y la variedad de ese proceso para cada tipo específico; citemos también a Schleiden que hizo en botánica lo que Schwann en zoología.

Por no salirnos del cuadro que nos hemos impuesto omitimos nombres de matemáticos, de físicos, de químicos, de historiadores, de lingüistas, y sobre todo de filósofos, que todos han contribuido en grado eminente al advenimiento de la teoría darwinista. Si fuera nuestro objeto rendir debidos homenajes brotarían de mi boca raudales de nombres ilustres; pero no tengo tiempo para tan grata tarea.

Y puesto que hemos comenzado con un símil, de él nos aprovecharemos para resumir esta corta exposición del advenimiento de la teoría darwinista. Palissy, una vez excavado el terraplén de marras, en los restos podridos o trasformados en barro reconoció ramas o pedazos de ramas de naturaleza análoga a las que emergían de la superficie; Cuvier recompuso con aquellos restos dispersos y casi informes ramas con todos sus caracteres de forma, estructura y funcionalidad; Smith, Beaumont y Lyell averiguaron que ciertas ramas, según sus formas, estructuras y funciones, habían vivido coetáneamente, explicando de paso cómo se había verificado su enterramiento; Schleiden y Schwann demostraron cómo las ramas de la superficie nacían y se desarrollaban y morían. Y entre todos prepararon el ambiente científico para que Carlos Darwin adivinara el enlace genealógico de todas aquellas ramas, su procedencia del tronco común; y si ni él, ni todos sus sucesores hasta la fecha han podido restaurar el intrincado y maltrecho árbol de la vida, si hay muchas ramas en la superficie que aún permanecen en el aire, si hay otras que truncadas no pueden subir a buscar a sus hijas, la idea peregrina y vivificadora, la idea de la filiación nunca ni por ningún motivo interrumpida desde el tronco casi inerte en la apariencia hasta la rama más vivaz cubierta de hojas, de flores, de frutos, esa idea se impone a todo el que debidamente preparado estudia la naturaleza, y yo aseguro que no necesitará ni con mucho los cien años, que necesitó la afirmación de Palissy, para invadir triunfante todos los dominios de la historia natural.

Y bien, me diréis, todo esto se comprende perfectamente; ya vemos cómo entendía Darwin el parentesco, la filiación de los seres vivientes; también alcanzamos que esa misma filiación envuelve la grandiosa idea de la continuidad de la creación, y que si Dios al crear al hombre por medios naturales, al ser de razón y conciencia capaz de comprenderle y alabarle, se propuso un fin trascendental, todos esos seres que irrefutablemente poblaron el planeta, animando sus soledades en el fondo oscuro de esos tiempos, para medir los cuales el año es unidad tan a propósito como el milímetro para medir la altura del Himalaya, todos ellos digo concurrieron armónicamente a realizar los designios inescrutables del creador. Pero después de todo esa grandiosa concepción es simplemente una hipótesis; a ello llegaremos. Por de pronto no creo que hemos perdido el tiempo; seguro estoy de que habéis comprendido la estructura, la parte formal de la teoría darwinista; ya no abrigaréis ciertas preocupaciones vulgares que tanto perjudican a la difusión de la doctrina. Si se os pregunta cual es el caballo que ha dado origen a la cebra, o la cebra que engendró el caballo, de fijo responderéis; ninguno; sepultado en los escombros de tierras que ya no existen habrá por cualquier parte un ser fósil del cual descienden cebras y caballos; yo puedo aseguraros que ese antepasado común existió, que se le conoce, y que con él se ha restaurado el paisaje eoceno en que vivió y se reprodujo; restauración que puede merecernos tanta confianza como el más concienzudo cuadro de Alma Tadema sobre asunto griego o romano; como la interpretación de cualquiera estela o tabla votiva desenterrada en los hipogeos del Egipto. Otra pregunta desearía haceros; pero esa la reservo para más adelante.

Ahora voy a completar la exposición dogmática de la teoría; yo os prometo, si no una amplia discusión, para lo que me faltaría tiempo y oportunidad, cuando menos una demostración de las ventajas que alcanza sobre las doctrinas contrarias.

---

Kant y Laplace, resucitando ideas cartesianas aventadas por el genio de Newton, y asentándolas sobre sólida base científica, nos han enseñado cómo debíamos comprender la aparición de la tierra en el concierto cosmológico; si sus teorías no son la verdad exacta, son cuando menos algo más que hipótesis peripatéticas, explican la mayor parte de los fenómenos que nos es dado observar y se prestan a modificaciones que, como la intentada recientemente por Mr. Faye, conservando el espíritu de la teoría, acomodan ésta a la explicación de casos rebeldes, de aparentes anomalías. Pues bien, según la teoría kantiana nuestro globo, condensación parcial de una nebulosa, recorrió su órbita actual, u otra muy aproximada a ésta, durante inmensos cielos de siglos en estado fluido e incandescente; dicho queda que la vida tal como nosotros la comprendemos era incompatible con tal estado del planeta. Tal vez la antigua concepción de la salamandra habitadora del fuego responda a una idea de la vida más amplia, más profética, idea que no dejan de acariciar hombres que no son locos ni soñadores; pero aspirando como aspiro a no tocar materias ni aventurar hipótesis que no tengan a su favor las mayores probabilidades científicas, me atendré a eliminar la vida de las épocas de fluidez e incandescencia aceptadas universalmente como inmenso prólogo de la gran epopeya telúrica.

Que la tierra no está fija nos lo enseñó Galileo; hoy sabemos que el Sol, como todo lo que existe, muévese también, y describe una órbita, aún no calculada, en esos espacios donde reina no el vacío sino la aparente uniformidad del éter; Sol y Tierra, y todos los planetas que forman el cortejo del primero, van perdiendo en su camino energía calorífica, que parece disiparse y que no hace más que trasmutarse en esas vibraciones, en esa armonía de las esferas que no ha podido gozar humano oído, pero que adivinó el genio de Pitágoras, filósofo y griego, es decir sabio y artista. Esa pérdida de calor produjo la solidificación de la corteza terrestre, y sobre aquella magma de indescifrable composición química, caótica para nuestra comprensión limitada, precipitáronse las primeras hiladas de nuestras montañas, leves arrugas de la faz del planeta que empezaba a envejecer, eternamente sumergidas en un mar de densísimos vapores, atmósfera en que flotaba cuando menos todo el ácido carbónico que hoy reconocemos aprisionado en todos los organismos, y en esas rocas inmensas que son cementerios de otros organismos muertos. El tiempo que duraron estas cosas ni puede calcularse, ni acaso expresado en una cifra dijera a la imaginación nada preciso; la razón nada adelantaría con saberlo; bástale afirmar que en cuestiones de tiempo tiene detrás y delante de sí dos infinitos; así como en cuestiones de espacio ese infinito la rodea en infinitas direcciones; que en todo ese espacio y en todas esas direcciones tropieza incesantemente con una materia sometida a una fuerza, ora sensible como movimiento aparente, ora latente en forma de energías que no son más que disfraces toscos de ese mismo movimiento. Si por encima de ese conjunto infinito en todos sentidos y conceptos hay un ser que lo creó y lo rije ¿quién es capaz de concebir siquiera su excelsitud? Todo lo más que podemos hacer, pues se nos enseña que hemos sido creados a su imagen y semejanza, es no empequeñecerlo rebajándolo al nivel de nuestra imaginación finita, sino rendirle adecuado tributo educando nuestra razón, que es lo que en nosotros descubrimos más análogo a su naturaleza infinita.

Después de la aparición de la primera corteza del globo terráqueo varios órdenes de fenómenos empezaron a manifestarse. El efecto químico y mecánico de los gases y líquidos condensados en la atmósfera terrestre dió por resultado determinar en aquella corteza primordial y cristalina las primeras denudaciones y los primeros sedimentos químicos; el conflicto de fuerzas desarrolladas entre esa corteza rígida y el núcleo líquido produjo inmensas resquebrajaduras, que, si hemos de dar crédito a las experiencias de Daubrée teorizadas por Jourdy, marcan con su dirección loxodrómica y meridiana los efectos de una componente de presión y otra de torsión, inmensas síntesis parciales de la complicada dinámica telúrica; a través de las grietas así formadas brotaron las capas pastosas inferiores a la corteza sólida, desparramáronse para formar las primeras capas plutónicas, al par que soldaban con potentes filones los entreabiertos abismos, restituyendo a la corteza momentáneamente su perdida continuidad. Después el mismo ciclo de fenómenos debió repetirse muchas veces hasta que el enfriamiento permitió la aparición del medio general e indispensable de la vida, el agua con la fórmula química que hoy representa su composición, u otra muy aproximada. El agua y el carbono son, señores, bajo el punto de vista material, los elementos indispensables para la vida telúrica; el carbono asociado principalmente con el ázoe, y disuelto en el agua hasta adquirir un estado semiflúido semisólido, forma el cuerpo de los seres orgánicos más rudimentarios, forma los elementos histológicos de los organismos complejos; esa composición se encuentra en el embrión de todos los seres, y estamos autorizados para creer que la materia albuminoide, que el protoplasma fué el primer vestido de la vida allá en los comienzos del período Laurentino. El carbono es uno de los cuerpos simples e irreductibles que hoy conocemos; su aptitud para asociarse a los demás es tan prodigiosa como la instabilidad de esas asociaciones, como la indiferencia en las proporciones en que la asociación se verifica; esa fuerza inmanente del carbono, fuerza proteica que tan pronto toma todas las formas de la energía actual en rápidas combinaciones, como se esconde hipócrita en la energía potencial de los grandes depósitos de hulla, es indudablemente la más a propósito de las fuerzas específicas atómicas para prestarse a las exigencias de esa fuerza sintética que llamamos vida, que también a veces recorre vertiginosa todas las modalidades de la energía, y después sabe dormir silenciosa siglos y siglos, como en esas semillas encontradas en los senos de las pirámides egipcias, que confiadas a la tierra germinaron con vigor y lozanía, como si en vez de cinco mil años contaran breves días de existencia.

A partir de la aparición del agua ya la vida no ha de suspenderse un instante en nuestro planeta; la superficie de éste seguirá modelándose en virtud de causas análogas a las que hemos apuntado; y así en cada uno de los grandes períodos que los geólogos llaman primarios, secundarios, terciarios, cuaternarios y modernos, en cada una de las épocas en que puede dividirse cada período, y en las que se formaron los pisos geológicos desde el Laurentino al aluvial, puede asegurarse que las vicisitudes porque pasó la deleznable superficie del planeta revistieron notable semejanza en su mecanismo; períodos de revoluciones inmensas pero parciales, y períodos de evolución, de cambios lentos y continuos. En estos últimos los meteoros degradan la superficie, las aguas corrientes arrastran los detritus y forman sedimentos; éstos en los movimientos seísmicos tan pronto emergen, tan pronto se sumergen en los mares; cambian lentamente las orillas de los océanos y los ríos excavan su lecho tortuoso; los volcanes suministran a la corteza sólida nuevas materias sacadas del núcleo ígneo; metamorfosean los sedimentos y las rocas elásticas y orgánicas; trastornan estos sedimentos los terremotos, facilitando la acción demoledora y regeneradora de las aguas, y ayudan a solidificar y endurecer las capas recientes bajo el peso de moles derrumbadas. En los grandes trastornos orogénicos que acompañaron al nacimiento de esas enormes montañas, en que estriban los actuales continentes, las mismas causas exacerbadas producen en vez de efectos paulatinos cataclismos súbitos; de los últimos conserva memoria el hombre, que ya existía, y en las tradiciones de todos los pueblos figura un diluvio, que no es más que la descripción ingenua de la súbita invasión de los mares sacudidos por gigantescos derrumbamientos, y acompañada de horrorosa conflagración meteórica. Aún no hace cuatro años en el estrecho de la Sonda surgió el volcan de Krakatoa y en las fronteras costas de Java y Sumatra perecieron 40.000 personas sorprendidas por las gigantes oleadas que penetraron tres kilómetros en tierra, en tanto que el cielo descargaba torrentes de agua mezclada con cenizas; la alteración del mar se acusó en los mareógrafos de América y Europa; ¡qué efectos no produciría en la mayor parte del globo la formación de los Alpes, del Himalaya, de los Andes, o la desaparición de la poética Atlántida,puente de unión entre la Europa y el nuevo mundo!

Ya en época moderna se presentó indudablemente otro elemento modificador; los hielos perpetuos, hoy confinados a las regiones polares o a las cumbres alpinas, avanzaron más desoladores, pero acaso también más regeneradores y vivificantes que los bárbaros del Norte, y cubrieron la mayor parte de Europa y las regiones colatitudinarias del hemisferio boreal; debióse este fenómeno según unos a un excesivo levantamiento de ese mismo hemisferio, que le puso en condiciones de altitud topográfica análogas a las que hoy reúnen las cumbres siempre nevadas; para otros la causa fué astronómica y debida a la coincidencia del invierno boreal con la mayor distancia al sol; circunstancias que concurren cíclicamente en períodos creo que de 20.000 años, y que de ser la verdadera causa de la invasión glacial debieran haber ocasionado ésta algunas veces en la vida del planeta, y podrán reproducirla en siglos venideros por fortuna muy distantes.

Por último desde que la vida apareció en la superficie del planeta, y con preferencia en el seno de los mares, tomó parte activa importantísima en el modelado de su superficie; grandes bancos de rocas de muchos kilómetros cuadrados de extensión y de muchísimos metros de espesor no son otra cosa que restos de seres animales o vegetales, que no sólo en su rudimentaria organización, en su persistencia genérica a través de las edades, y en su innumerabilidad pasmosa se asemejan a los elementos del mundo inorgánico, sino también en esta participación considerable que han tomado en la preparación de lo que había de ser, andando el tiempo, mansión del ser más concluido y perfecto, del hombre consciente y racional. Pudiera comparar tales seres a esos miembros de una familia pobre que a fuerza de privaciones y sacrificios concurren con sus esfuerzos a preparar brillante porvenir y gloriosa carrera al hijo favorito en que descubren desde edad temprana notables aptitudes; pero la comparación sería en este momento prematura, y en cierto concepto siempre inexacta.

Hoy hemos agotado el tiempo disponible; el próximo viernes seguiremos esa misma vida,no paso a paso,porque no es posible, ni siquiera de lejos,como intenta hacerlo la paleontología; nos resignaremos a apuntar las principales etapas de su marcha; aplicándonos a hacer patente esa gran teoría de la filiación, por la que cada fauna y cada flora de un período son simples resultantes de la fauna y floras anteriores influidas por las circunstancias pasajeras pero enérgicas, o suaves pero persistentes del medio ambiente.

HE DICHO.

## SEGUNDA CONFERENCIA.

SEÑORES:

La puntualidad con que asistís a la cita que nos hemos dado hace ocho días es prueba del interés que ha despertado en vosotros el asunto de mis conferencias; me felicito de ello, y procuraré sostener ese interés hasta donde me sea posible.

Dejamos en nuestra última conferencia dispuesto el escenario, en que hemos de ver representado el drama de la vida; y pronto a aparecer en escena el protagonista, envuelto en humildes pañales, pobre expósito, que como en los melodramas a la francesa, ha de recobrar en el último acto su elevada alcurnia. Lástima grande, señores, que no sea más que una frase la tan conocida de que el hombre es un mundo en pequeño, un microcosmos; pues de ser tal como suena, aplicando a un cerebro bien organizado el poderoso microscopio del análisis y la reflexión veríamos, en él todos los fenómenos naturales, y fácil sería sorprender su encadenamiento. Desgraciadamente no es así, y los sabios que os he citado y los muchos que he omitido, y Darwin el primero, han creído necesario ser testigos de esos maravillosos fenómenos para poder, ya que no explicarlos, cuando menos entenderlos. Por eso no hemos de entrar en el estudio del concepto darwinista de la creación desarrollando teorías, sino familiarizándonos con los procedimientos que emplea la naturaleza en sus manifestaciones múltiples, y haciendo de sus resultados un cuadro, que sea el argumento más sólido en pro de la teoría. Ese cuadro ha de resultar aquí por extremo reducido, microscópico; pero yo espero que no habéis de ser más exigentes que el socarrón mercader de Cervantes, y que si de la teoría, que es hoy mi Dulcinea, os presento un retrato siquiera como un grano de trigo, y aunque por pecados de mi torpeza resultara desfigurada la señora de mis pensamientos, aun así y todo habréis de reputarla por gentil belleza, digna de los homenajes que para ella reclamo, respeto en el terreno científico, tolerancia en la esfera religiosa.

---

Los primeros organismos debieron haber sido acuáticos y marinos; consistirían en simples glóbulos amorfos de materia albuminoide, y cuyas únicas funciones se reducían a nutrirse por intususcepción de los elementos apropiados, y a reproducirse por escisiparidad o división del organismo padre en dos, cuatro o más segmentos semejantes. La primera diferenciación, o progreso, debió haber sido la adquisición de un núcleo, cuya constitución química y energía vital difiriese de las de la sustancia periférica, o bien la de una corteza exterior, membrana celulosa, o la de corteza y núcleo a la vez. No deben buscarse los restos fósiles de estos primeros seres; por una parte se comprende que la muerte, como término fatal de la existencia, que alcanza a todos los organismos más elevados, no existe para seres que en cada generación dan a sus hijos toda su sustancia, que éstos regeneran en el nuevo ciclo vital; pero admitida la posibilidad de la muerte violenta, o el agotamiento del impulso inicial al cabo de un cierto número de generaciones, la fragilidad de estos seres, la instabilidad de su complexión, cuando no la voracidad de sus descendientes mejor organizados y más exigentes, son causas sobradas para que a través de las modificaciones sufridas por la tierra no hayan llegado hasta nosotros sus vestigios, sus restos mortales. Sin embargo en las serpentinas del terreno laurentino del Canadá se ha creído encontrar un fósil, que sería uno de estos protistas del orden de los polithalamios, la que se bautizó con el nombre de Eozoón canadiense; pero muchos naturalistas sostienen que el pretendido fósil es sólo un accidente mineral de la roca, en que está encerrado.

¿Y entonces, preguntaréis, cómo se prueba la existencia de esos seres? La demostración es un caso particular de una teoría, que es la más firme base de la hipótesis darwinista; ante el estudio de hechos observados se induce una ley; admitida, se comprueba la concordancia de las deducciones con nuevas observaciones; es el procedimiento de rigor para todas las ciencias naturales. Voy a daros un ejemplo de él, aplicado a la demostración de la existencia de esos seres primitivos y rudimentarios.

Existen en la actualidad seres semejantes, iguales a los descritos; se les conoce con el nombre de moneras o proto-amibas; crecen y se reproducen independientemente de los demás organismos. Además el primer estado de todo embrión, de todo ser, que se individualiza de cualquier modo en cualquier punto del organismo generador, es un estado análogo al definitivo de las moneras diferenciadas, es una simple célula, bien desnuda y provista de núcleo, bien cubierta de membrana celulosa; omnium vivum ex oro, omniæ cellulæ ex cellula. La monera ocupa el primer lugar en la escala taxonómica de los seres actuales; la célula el primero también en la escala cronológica de la embriología.

Entiéndese por escala taxonómica el cuadro sintético en que figuran todos los organismos vivientes clasificados por orden de menor o mayor complejidad, de menor a mayor progreso; así como por progreso entendemos una mayor complicación del organismo, que trae mayor número de funciones; más necesidades para la vida, pero más medios para satisfacerlas; el progreso no es pues la mayor facilidad para la vida, es una vida más integrada; esto es verdad también en sociología, y verdad con la que lucha, hasta ahora con poco éxito, el libre albedrío humano. Esa escala taxonómica, o mejor dicho esa complicada red, empieza en la monera y acaba en el hombre.

La escala ontogénica, o embriológica, es otro cuadro complejo en que figura para cada ser el proceso de su desarrollo embrionario; para todos empieza invariablemente en la célula y termina en el individuo que adquiere vida independiente, o cuando menos vida análoga a la de sus padres aptos para la generación.

Aun queda otra escala, la filogénica o paleontológica, que es un cuadro sintético y comprensivo de las escalas taxonómicas y ontogénicas de cada período de la historia de la tierra; en ese cuadro puede tomarse el tipo culminante en cada período, bajo el punto de vista taxonómico, y obsérvase entonces que se obtiene una escala, que en sus rasgos generales coincide con la taxonómica y con la ontogénica actuales. Este paralelismo de las tres escalas es la teoría inducida que sirve de base positiva al darwinismo; ahora bien, admitida su legitimidad, y a probarla ha de concurrir cuanto digamos hoy, se deduce la necesidad de que el primer organismo haya sido la monera, el glóbulo albuminoide que brotó en el seno de los mares a expensas del ácido carbónico con profusión allí disuelto, y con auxilio de una elevada temperatura; y esto en virtud de la autogenia, o generación espontánea según unos, en virtud de una intervención directa e inmediata del Creador según otros. Permitidme dejar por ahora intacta esta cuestión.

Vamos a insistir, señores, sobre este paralelismo de las tres escalas, pues una vez bien entendido tendréis la clave del concepto darwinista de la creación; pero antes de todo he de hacer una aclaración que exije la buena fe científica.

De estas tres escalas, cuya importancia tanto os encarezco, ninguna está integra; en todas ellas faltan peldaños, y en unas más que en otras. La más completa es la taxonómica; las exploraciones científicas y el microscopio han enriquecido prodigiosamente el catálogo de los seres vivos. Léanse esos viajes del Challenger que han permitido estudiar la fauna y la flora pelágicas que pueblan las soledades del mar; y que gracias a los progresos del sondeo han servido para explorar los espacios abisiales, aquéllos donde no llega la luz ni la vegetación y donde moran extraños peces, que adaptados a las grandes presiones de muchas atmósferas al llegar a la superficie expiran entre bocanadas de gases que se dilatan, concluyendo por expeler en las últimas náuseas la vejiga natatoria, para acabar haciéndose menudos trozos a la vista atónita del observador. Léanse los informes de esas estaciones biológicas establecidas en las costas, y en las cuales recientemente se ha sorprendido el extraño fenómeno de la simbiosis, diametralmente opuesto al parasitismo, y que consiste en la íntima asociación de un animal y un vegetal, que no pueden vivir separados, pues entre los dos completan el ciclo de operaciones necesarias para la vida común; fenómeno que acaso sea más general de lo que se cree y tanto tal vez como el parasitismo, pues bien pudiera ser que en el reino microscópico los organismos superiores cuenten no sólo enemigos sino poderosos aliados. Lo que con el microscopio se ha hecho en el campo de la taxonomia no he menester ensalzarlo, pues públicas son esas revoluciones que el estudio atento de los microbios prepara en la higiene y en la medicina. En todas estas conquistas científicas toca a la parte descriptiva de la historia natural la parte del león; y no vacilo en atribuir a esta circunstancia gran influencia en las dificultades que encuentra la difusión de la teoría darwinista; cuando la atención se contrae a la contemplación de ciertas particularidades, cuéstale doloroso esfuerzo elevarse a síntesis, cuya exacta explicación exige siempre conocimientos generales que no ha habido tiempo de adquirir.

La escala ontogénica es todavía muy incompleta,y se comprende;

es muy difícil sorprender estados próximos de un embrión que se oculta generalmente en el interior de un organismo; estados que corresponden a un proceso continuo que se suspende casi siempre tan pronto como en él se interviene artificiosamente; y como tal intervención cuesta ordinariamente la vida al organismo generador y al feto, cuando se trata del estudio más interesante, el del embrión humano que compendia todo el proceso ontogénico, preciso es fiarse a casualidades, que sólo en sentido científico podemos llamar felices. Pero desde que Schleiden, y Schwann y Baer abrieron camino a la histología y a la embriología, la vista de los sabios reforzada con el eficaz microscopio está incesantemente fija en estas maravillosas evoluciones, que, por ese sello de analogía y sencillez que distingue las obras de la naturaleza, remedan en infinitesimal escala esas otras evoluciones que los astrónomos armados del telescopio sorprenden en los espacios siderales, donde también a cada instante se forman células, y núcleos, y cortezas inmensas; evoluciones contemporáneas acaso de la aparición del hombre sobre la tierra, pero que nosotros presenciamos gracias a esa maravillosa propiedad de la vibración luminosa, que parece destinada a ponernos en contacto con los espacios más lejanos, con los tiempos más remotos; algo que nos hace concebir cómo puede haber un ser eterno para el cual no haya pasado ni futuro. Casualmente hace unos días hojeaba yo una revista científica redactada por una sociedad eminentemente católica, de Bruselas; en el mismo cuaderno había un estudio sobre la nueva teoría cosmogónica de Mr. Faye, y otro sobre la célula viviente del eminente profesor de Lovaina abate Carnoy; pues bien, abriendo el libro con algún descuido, pudieran confundirse las viñetas que se referían a las evoluciones de las nebulosas con las que representaban las de la célula; y cuenta, señores, que en las primeras se trataba de agrupaciones cósmicas para medir las cuales no sirve la velocidad de la luz, 75.000 leguas por segundo; y en las otras el objeto estudiado era la célula seminal de un escarabajo macho. Y hago esta digresión, porque bueno es que vayáis acostumbrando vuestra imaginación a esta perenne sobriedad, que resplandece en el último mecanismo de todos los fenómenos naturales.

La escala filogénica es la más incompleta; reseñar las causas que contribuyen a empobrecerla sería hacer el resumen de toda la geología; bien comprenderéis cuántas felices casualidades necesitan concurrir para que lleguen hasta nosotros los restos casi siempre frágiles de los seres vivientes, sus huellas, hasta sus excrementos; pues todo esto ha sabido descubrir y aprovechar la laboriosa paciencia de los sabios. Además, hasta la fecha el hombre ha explorado en extensión y profundidad una pequeña parte de la corteza continental, y desconoce casi por completo lo que hay debajo de los mares, o sea en las 4/5 partes de la superficie telúrica. Si las colecciones fósiles fueran más completas, o más conocidas aun en su estado actual, la idea fundamental del darwinismo, la continuidad de la creación por la descendencia, estaría a estas horas más en voga en la ciencia corriente; muy pronto vais a oir declarar a un sabio geólogo, profesor del instituto católico de París, que el manejo de estas colecciones le inclina a aceptar la teoría evolucionista; ¡preciosa confesión que indemniza con creces de tanto ataque ignaro e incongruente!

Y es la verdad; a pesar de los inconvenientes que resultan de la pobreza de las escalas ontogénica y filogénica,sobran rasgos característicos para afirmar su paralelismo, y el que ambas guardan con la rica escala taxonómica; y tanto sobran, que al prepararme a haceros un ligero bosquejo de esas escalas siento la enorme dificultad de hacer encajar en breve espacio los más adecuados a mi propósito; paréceme que me propongo trasplantar a vuestras inteligencias un árbol ya crecido, y necesito derribar ramas y amputar raíces, y temo que en la poda mi mano inhábil maltrate las más vitales, y sólo pueda ofreceros un plantón feo y escueto y por añadidura herido de muerte.

Empecemos por la escala taxonómica, y os advierto que tomo por guía a Ernesto Haeckel, gran darwinista, pero autoridad indiscutible en cuestiones de hecho. En la base de esa escala encontramos los organismos más sencillos, los menos diferenciados, los más desprovistos de funciones vitales; son las moneras de que ya hemos hablado, ora microscópicas,ora perceptibles a simple vista; siguen después los organismos celulares, moneras que ya tienen un núcleo, o una corteza, o corteza y núcleo; vienen después los organismos policelulares, colonias de células varias que conservan gran simplicidad de estructura, de organización y de funcionalidad,pero que pueden alcanzar formas complicadas.

En este grado de desarrollo biológico no es posible distinguir si los seres son plantas o animales y después de interminables y encarnizadas discusiones se cortó el nudo, creando un tercer reino, el de los protistas. Antes de llegar al protista más diferenciado se bifurca la escala taxonómica para dar nacimiento a dos grandes secciones, el reino vegetal y el animal; hay pues protistas más complicados que otros seres perfectamente definidos como plantas o animales.

El reino vegetal empieza con las criptógamas talofitas, plantas que no florecen ni fructifican, reproduciéndose por esporos que son simples células, y células también simples constituyen todo el organismo, sin que aquéllas se hayan diferenciado lo suficiente para formar raíces, tallos ni hojas, por más que algunas sifoneas remeden tales órganos; pertenecen a este gran grupo todas las algas desde las microscópicas diatómeas hasta las macrocistas gigantes cuyas cintas miden a veces más de 100 metros; también figuran en él los hongos y los líquenes. Con las algas se enlazan los musgos y con estos los helechos, plantas ambas protalofitas criptógamas, que todavía no florecen ni fructifican, pero cuyos elementos histológicos se presentan diferenciados formando raíces, tallos y hojas. Lazo de unión de éstas y de las fanerógamas son las cicadeas o helechos palmiformes, y las coníferas, que ya tienen flor y fruto; un último escalón separa estas gimnospermas de las angiospermas, que aún se subdividen en monocotiledones y dicotiledones, siendo entre éstas las gamopétalas las que marcan el extremo superior de la escala vegetal.

Bajemos otra vez hasta los protistas para subir de nuevo y mucho más alto por la gran rama del reino animal. Empieza ésta con los protozoarios, entre los que citaremos los infusorios y algunas larvas de animales superiores; siguen los zoófitos, animales plantas como las esponjas, corales e hidromedusas; los zoófitos terminan por su parte la escala taxonómica; entended bien esto; el primer zoófito tiene grandes analogías con un protozoario, pero a medida que en los zoófitos se acentúan los caracteres típicos, el tipo se aleja cada vez más del resto de los tipos animales. De los protozoarios arrancan también los gusanos, grupo complicadísimo; de éste arrancan dos ramas; la primera se bifurca en equinodernos y artrópodos; la segunda, en moluscos y vertebrados; con los gusanos no sucede lo que con los zoófitos; un gusano que no es el más perfecto en el tipo tiene analogías con un equinodermal caracterizado, y otro gusano muy cercano al primero está en la misma relación con algún artrópodo; mientras que otros gusanos tienen analogías con moluscos y vertebrados imperfectos. No necesito citaros ejemplos de gusanos; para los equinodernos os citaré los erizos y estrellas de mar, para los artrópodos los insectos, para los moluscos los caracoles y las conchas; y en los vertebrados entran todos los peces, reptiles, aves, cetáceos y mamíferos, comprendiendo estos últimos al hombre, que es el vértice absoluto de la escala taxonómica.

Ya comprenderéis que me es imposible descender a mayores subdivisiones, y en cuanto a caracterizar las indicadas hay una dificultad esencial; consiste ésta en que al pasar de un grupo a otro los caracteres morfológicos, los organográficos, los anatómicos se suceden con tan tenues gradaciones unas veces, se compenetran y enredan otras de tal manera, que mis definiciones habrían de resultar o sobradamente vagas, o necesariamente inexactas. Limitaréme pues a consignar que la ley que parece inducirse es la de divergencia progresiva, de división del trabajo entre los elementos plásticos que van adquiriendo mayores diferencias en su complexión física y química; lo que da por resultado mayor complicación morfológica, anatómica y organológica; y de aquí mayor número de funciones vitales y más medios de cumplirlas; y al mismo tiempo una progresión casi contínua desde la irritabilidad automática hasta la sensibilidad, que pasa por los tres grados que reconoce Bichat, hasta el instinto, hasta la inteligencia, hasta la conciencia humana.

Respecto a la escala ontogénica, poco he de añadir a lo dicho, y eso que el estudio de la embriología comparada es el más a propósito para inclinar la inteligencia a la teoría darwinista. Todos los seres empiezan por una célula, que necesita o no ser fecundada según el género de reproducción típico; esa célula empieza a segmentarse y a producir otras células diferentes en virtud de sus propiedades íntimas y de las del medio ambiente, que en los seres superiores es una parte del organismo generador; el proceso de nutrición del embrión recuerda a la vez el proceso de generación de las moneras, y el proceso filogénico de su perfeccionamiento; es decir que estados embrionarios de seres actuales tienen grandes semejanzas con estados definitivos o formas adultas de seres paleontológicos, y esa semejanza alcanza al orden de sucesión respectivo en el proceso embriológico y en el proceso paleontológico. Pero más notable es el paralelismo entre el perfeccionamiento ontogénico y el perfeccionamiento taxonómico; el embriólogo más experto confunde fácilmente un feto humano de 20 a 25 días con el feto del mismo tiempo de un perro o de una tortuga, o con el de 5 a 6 días de una gallina; es decir que en ese plazo aún no han aparecido sensiblemente las diferencias que han de marcar el rango taxonómico de cada uno de estos vertebrados. Antes de ese plazo la confusión abarcaría grupos más comprensivos; en un principio, en el momento de la concepción, y aun antes en los tipos de sexos distintos, o gonocoristas, esa semejanza abraza todos los seres vivientes. Fijaos bien en lo que nos enseña la escala ontogénica; dos seres que ocupan en la escala taxonómica lugar diferente se asemejan durante un período más o menos largo de su estado embrionario; tanto más largo, por regla general, cuanto más cercano lugar han de ocupar en la escala taxonómica; la diferenciación empieza después de ese período. Así pues ningún feto humano ha sido, como a veces se dice, tortuga, ni gallina, ni perro, ni mono; pero ha habido un período durante el cual se confundiría el feto humano con los de esos seres inferiores, como remontándonos más llegamos al estado celular inicial de todos los organismos animales y vegetales. Aclaremos sin embargo que al decir que esos estados darían lugar a confusión, no queremos decir que sean idénticos.

Llegamos a la escala filogénica; es decir a asignar las fechas en que sucesivamente fueron apareciendo en la tierra los diferentes tipos que hemos encontrado en la taxonomía; en verdad nunca hallaremos los mismos tipos hasta épocas muy recientes; pero descubriremos lo siguiente como regla general. Cuanto más sencillo sea un tipo actual, más analogías tendrá con el correspondiente tipo fósil; más pronto habrá aparecido ese tipo análogo, en la cronología telúrica. Así la monera, casi igual a la actual, inauguró la vida en los comienzos del período laurentino; al final de ese período se encuentran ya fósiles de criptógamas talofitas, y de gusanos y zoófitos. En el período cambriano apenas se eleva la flora, pero la fauna se enriquece con los colelmintes, de donde han de brotar los equinodermos y artrópodos, al par que con los himategas y briozoarios aparecen los primeros esbozos de vertebrados y moluscos. Ya en terreno siluriano abundan tipos bien caracterizados de todos los grandes grupos, así vegetales como animales; y a medida que subimos por los terrenos paleolíticos, mesolíticos y cenolíticos van apareciendo tipos más aproximados a los que hoy caracterizan las familias, las tribus y los géneros; hasta que en los límites del período mioceno aparecen los antropoides, muy semejantes a los grandes catarrinianos, orangután, gorila y chimpancé, terminando la serie cronológica con el hombre.

Así pues, señores, que clasifiquemos los tipos por el orden que impone su relativo perfeccionamiento, que apelemos para clasificarlos a estudiar su proceso embriológico, o que recurramos al orden cronológico en que aparecieron a la vida, obtendremos siempre resultados tan análogos, que el paralelismo de estas clasificaciones, de estas escalas, es una verdad científica definitivamente conquistada.

Pudiéramos comparar, señores, la taxonomía a una vasta exposición que la vida muestra orgullosa al primer ser que ha podido contemplarla con conocimiento de causa; en ella ostenta todo lo que es capaz de realizar en la actualidad. La embriogenia, es un complemento de esa exposición: es la sección donde se exhiben los procedimientos por medio de los cuales el gran industrial produce sus artefactos. La paleontología es una exposición de arte retrospectivo. No visitéis más que la exposición taxonómica, y aunque lleguéis a conocer todos los objetos, aunque los clasifiquéis acertadamente, y penetréis su mecanismo, no habréis pasado de la altura de un mecánico ilustrado; visitad la sección ontogénica y os elevaréis al grado de grandes ingenieros industriales; pero si queréis ser sabios, filósofos, averiguar y explicar todo lo que sea averiguable y explicable, si queréis enlazar la historia y la ciencia de la vida con la historia y la ciencia universal, entonces visitad la última sección, y, cuando hayáis penetrado bien su espíritu, volved a estudiar las dos primeras.

Sólo así, señores, la inteligencia sufre la preparación necesaria, efectúa la evolución conveniente para asimilarse la doctrina darwinista, cuya quintaesencia es la siguiente: la vida, conjunto de fuerzas que otro día detallaremos, por procedimientos que también indicaremos, ha venido progresando desde su aparición sobre la tierra, como lo prueba la comparación de las faunas y floras de cada período geológico. Pero ese progreso lo ha realizado siempre sobre la base de lo ya obtenido, y nunca ha improvisado un organismo complicado, como tampoco hoy lo improvisa; solamente que, para llegar a cada modificación viable de un organismo existente, ha necesitado un concurso de circunstancias, y por lo tanto un tiempo larguísimo, que hoy no necesita para llegar al tipo perfeccionado, modificando el embrión que resume la historia del progreso de su ascendencia; y así como cada nuevo estado embrionario borra el estado anterior, así cada período geológico de la vida borra más o menos absolutamente el que le precedió, viniendo por lo tanto las especies vivas de cada período a ser la resultante de la vida en el período anterior, representada por sus especies, combinada con las circunstancias del medio ambiente. Así entiende, señores, Darwin la necesidad de la filiación nunca interrumpida entre todos los seres; jamás he podido explicarme cómo un gran naturalista, Luis Agassiz, se ha empeñado en romper esta hermosa cadena de la vida; cierto es que tan lejos llevó su odio a la teoría genealógica que nunca quiso conceder que todos los pinos hayan nacido de un solo pino, que todos los carneros hayan nacido de una pareja única, que todos los hombres tengan un padre común, y así exclama << desde un principio ha habido bosques, ha habido rebaños, ha habido tribus>> y para explicar lo que nosotros explicamos como el lento trabajo de la fuerza vital, auxiliada por su modalidad más importante, la filiación, él acude a un lazo intelectual, cuyo arquetipo es patrimonio exclusivo del Creador, que en sus inescrutables designios rompe en momentos solemnes los moldes defectuosos, e interviene en su obra para mejorarla y complicarla.

Y creo llegado el momento de examinar si esa piadosa ilusión de un gran talento deslumbrado, es más cristiana, es más católica siquiera, que la firme y serena intención del genio de Darwin.

Nada escucharéis de mi boca que os moleste en vuestras creencias religiosas; sé muy bien que en el fondo de todo conocimiento, aun del que parezca más positivo, hay siempre algo incoercible, algo que se escapa, por mucho que lo ciñamos; y un algo incomprensible, que al fin y al cabo llegamos a creer, porque sí, pero que lo creemos con la entereza, con el cariño que inspira la fe, afirmación o negación, yo lo respeto tanto como la verdad científica mejor demostrada. No temáis, pues, que, aunque parezca que me acerco al santuario de vuestra conciencia, os aseguro que no traspasaré sus umbrales, y si la puerta se entreabre, os prometo descubrirme religiosamente.

---

SEÑORES:

La fe y la ciencia suelen divorciarse en la apariencia muy a menudo, y más en los países católicos; cuando la ciencia avanza rápidamente, la fe camina con estudiada lentitud, diríase que se para, y aun se observan ademanes de querer retroceder; y en estos casos críticos los hombres pensadores, y tras de ellos el vulgo, adoptan diversos temperamentos. Es uno apostrofar a la ciencia de desatentada, porque dejando atrás a su compañera se expone a peligrosos extravíos; los que adoptan éste miran con prevención, casi con horror, toda innovación, todo adelanto. Otro sistema diametralmente opuesto es ir, consciente o inconscientemente, al lado de la ciencia, sin cuidarse de la distancia a que queda su compañera; si ésta la sigue, mejor para ella, si no, poco les importa. Hay un temperamento medio que consiste en hacer acortar un poco el paso a la ciencia, y desembarazar de obstáculos imaginarios el camino de la fe, para que ambas vuelvan a caminar lo más cerca posible; éste es el que siempre ha dado mejores resultados. La ciencia necesita para que sus conclusiones sean útiles a la humanidad que la fe no las combata; no basta que un sabio, o un centenar de ellos, posean con gran certeza una verdad más; la civilización, el progreso exigen que esta verdad se difunda, que impregne la gran masa ignorante, que llegue a ser un lugar común; y esto no se logra mientras sobre las afirmaciones científicas se cierna la sombra de la heterodoxia. Que la fe necesita dar de cuando en cuando pasos en la apariencia gigantes, en realidad minúsculos, nada puede probarlo mejor que algunas palabras de la encíclica Æterni patris, dada por León XIII hace cinco años: <<Los tiempos en que vivimos, dice el sabio pontífice, exigen una doctrina que no abarque solamente la ciencia sagrada, sino la ciencia filosófica enriquecida con todos los descubrimientos físicos e históricos.>>

Pues bien, señores, entre esos descubrimientos, que ha de abarcar la doctrina exigida por los tiempos, voy a probaros que se prepara a ocupar lugar la teoría darwinista; por ahora con ciertas reservas, que yo no creo indispensables, pero que respetaré en estas conferencias, pues en nada alteran la idea principal del darwinismo, el parentesco, la filiación continua desde el primer organismo al hombre inclusivo. Esas reservas se limitan a exigir la acción directa del Creador para producir la vida en el primer organismo, y para insuflar el alma racional en el cuerpo humano, y ambas son cuestiones que el mismo Darwin, obrando cuerdamente, dejó intactas; debo sin embargo recordaros que los escolásticos admiten rotundamente la generación espontánea, la educción de las formas vivientes de la materia, doctrina que defienden muchos sabios, y que puede defenderse sin ser materialista; respecto a la consustancialidad de la energía anímica y del resto de las energías universales, es problema que tiene como cuestión previa la reducción de la antítesis que ofrece a la razón humana la coexistencia de la conservación de la energía en el mundo físico y el libre albedrío humano en el mundo espiritual.

Pero como yo carezco de toda autoridad para garantizar mis afirmaciones, llamo en mi auxilio persona cuya competencia tendréis que reconocer, y cuya ortodoxia no podréis combatir; introduciendo una novedad, que no ha de desagradaros, voy a leeros gran parte del primer capítulo de un libro titulado «La evolución de las especies orgánicas, por el P.M.D. Leroy, de la orden de predicadores.» Fácil me hubiera sido intercalar los brillantes párrafos, que vais a oír, en mi disertación, pues como todo lo que habla a la inteligencia se pegan bien a la memoria, pero se trata de una prueba, que sospecho ha de ser necesaria, si no aquí fuera de aquí, y quiero presentaros documentos auténticos, originales. Sólo necesito que creáis bajo mi palabra honrada que además del capítulo que voy a leer, el libro contiene una acabada defensa de la teoría genealógica; y por lo tanto que el padre Leroy es como yo, darwinista, aunque no darwinista hæckeliano; y es además un darwinista de los que más han de contribuir a la difusión de la doctrina; primero porque su ejemplo ha de alentar muchas conciencias timoratas, y además porque en pocas obras de las que he leído aparece mejor compendiado y mejor explicado el darwinismo.

El padre Leroy ha querido ponerse en regla con la ciencia, con la teología, y con la disciplina; empieza pues su libro con una carta del sabio Mr. Lapparent, con otra del padre Monsabré, y con las correspondientes licencias de sus superiores.

Mr. Lapparent, profesor del instituto católico de París, es una eminencia; en este momento sostiene dos polémicas importantísimas; la una nada menos que con Mr. Faye, sabio director del <<Bureau des longitudes>>, sobre la figura geodésica de la tierra; la otra con Mr. Jourdy sobre lo que pudiéramos llamar la figura geológica; es además un impugnador acérrimo de las exageraciones de Lyell respecto a la influencia geológica de las causas lentas; en una palabra, hasta la fecha yo le tenía por una autoridad antidarwinista; pero oíd su carta al padre Leroy:

<< ..... el conjunto de vuestra tesis responde completamente a

>>las opiniones que me ha sugerido el manejo de mi colección pa-
>>leontológica. Siempre he creído que se hacía mal en tomar,
>>contra la evolución, una actitud irrevocablemente agresiva....
>>Hay ideas a las que tiene uno que acostumbrarse, pues parece
>>que les pertenece el porvenir. Tomar posición en este sentido,
>>en nombre de un grupo de personas cuya ortodoxia religiosa no
>>puede ser sospechosa, es a mi juicio un servicio y un acto de
>>cuerda previsión.>> La carta es de 9 de Febrero de 1886.

Ya sabéis quién es el padre Monsabré, el predicador de los sermones de cuaresma en Nuestra Señora de París, algo así como el primado de los oradores sagrados; que hace oír su voz elocuentísima desde una cátedra que han hecho ilustre jesuitas y dominicos; veamos lo que dice la teología:

<<... Sé muy bien que hay espíritus a quienes asusta esta
>>teoría, y procede esto de que choca violentamente con pre-
>>juicios científicos, cuyo sacrificio cuesta trabajo, o porque
>>se imaginan que no se puede ser evolucionista sin ser materia-
>>lista..... La evolución, lejos de comprometer la creencia or-
>>todoxa de la acción creadora de Dios, reduce esta acción a un
>>pequeño número de actos trascendentes, más conformes a la uni-
>>dad del plan divino y a la infinita sabiduría del Ser omnipo-
>>tente, que sabe usar con orden de las causas segundas para
>>llegar a sus fines.>> Fechada en 7 de Junio de 1886.

Después de la aprobación, y recomendación del R.P. Beaudouin, maestro en sagrada teología, y del Imprimatur de F. Thomas Fancillon, Prior Prov. F.F. Praed., viene la advertencia del autor,

llena de candor, y de entusiasmo religioso y científico: <<Su-
>>cederá, creo yo, con la idea evolucionista lo que sucedió con
>>la de Galileo; que después de haber asustado a los ortodoxos,
>>una vez tranquilos los ánimos, la verdad, despejada de toda
>>exageración por ambas partes, concluirá por abrirse camino.>>
Discúlpase al final de tratar con severidad a algunos de los adversarios de la evolución; pero esta advertencia del bien educado fraile es un escrúpulo de monja. Viniera él a España y oyera o leyera por ejemplo al preclaro Sardá y Salvany tronando contra el darwinismo, que no entiende, y aprendería a anonadar al contrario llamándole bruto, salvaje, hereje, feo e hideputa, en el sentido literal moderno de la palabra; viniera aquí con sus liberalescas componendas científicas el padre Leroy, y ya sabría cómo las gastan algunos teólogos españoles.

Pero entremos en el capítulo primero que se titula <<La
>>cuestión bajo el punto de vista religioso.>> <<Si pudiera ha-
>>ber, sea en la sagrada Escritura, sea en la enseñanza católica
>>cualquier cosa contraria a la teoría transformista, no tendría
>>la temeridad de escribir una sola línea en su favor, pues se-
>>ría ir en un sentido diametralmente opuesto al que me propon-
>>go.... El R.P. Valroger, cuyas ideas no comparto, en un estu-
>>dio consagrado al asunto que nos ocupa, empieza estableciendo
>>perentoriamente la libertad científica en este punto respecto
>>de la sagrada Escritura y de la tradición, y citaré sus pala-
>>bras: *Las primeras páginas del Génesis nos ofrecen la redac-*
>>*ción más antigua de las enseñanzas sagradas*. *El estilo de es-*

>>tas páginas no es el de un manual de cosmografía, de geología,
>>o de zoología, es el estilo poético de un canto primitivo, de
>>un salmo patriarcal; no sería razonable aplicar a sus metáfo-
>>ras la exégesis literal, que se debe aplicar al texto prosaico
>>de un libro moderno de física o de historia natural. Por tra-
>>tar la poesía bíblica como prosa se han imaginado muchas veces
>>contradicciones que no existían.... Ni la Biblia ni la Iglesia
>>obligan a creer que todas las especies vegetales y animales hoy
>>día existentes han sido creadas por Dios el tercero, el quinto
>>o el sexto día con los caracteres que hoy las distinguen. La
>>Escritura nos enseña que todas son obras de Dios, pero no nos
>>dice cómo Dios las ha producido.>>

<<En cuanto a la enseñanza de los P.P. de la Iglesia y teólo-
>>gos, el mismo P. Valroger reclama igualmente para la ciencia
>>la libertad de discusión, y su argumentación es la siguiente:
<<Los padres de la Iglesia no han querido dogmatizar en estas
>>materias en las que no eran competentes. Están divididos en
>>dos escuelas opuestas, entre los cuales la Iglesia no ha deci-
>>dido; y San Agustín ha podido concluir, sin que nadie le haya
>>desautorizado, que la decisión, corresponde a la razón y a la
>>experiencia. Estas declaraciones son tanto más preciosas para
>>mí cuanto que emanan de un adversario declarado del darwinismo.
>>Los dos escuelas citadas son una la de San Basilio y otra la
>>de San Agustín, y sobre ellas dice el P. Valroger: Las homi-
>>lías de San Basilio sobre la obra de los seis días fueron des-
>>tinadas a la edificación de los fieles, más que a la instruc-

>>ción especial de los sabios. Las investigaciones de San A-
>>gustín sobre el sentido del Génesis tienen otro carácter; conó-
>>cese en ellas un filósofo que medita sobre el objeto de su fe
>>más bien que un predicador moralista. Pero el resultado de
>>estas meditaciones es el siguiente: Las revelaciones divinas
>>dejan muchas cosas en la oscuridad. Los hombres que no son
>>cristianos pueden adquirir por la razón y la experiencia no-
>>ciones ciertas sobre los objetos de las ciencias naturales.
>>Si pues los infieles establecen con buenas pruebas la realidad
>>de un hecho, nuestro deber es demostrar que tal hecho no es
>>contrario a la Escritura; precisa entonces referirse a la ra-
>>zón, a la discusión, a la experiencia, pedir pruebas de buena
>>ley, y ponerse igualmente en guardia contra la seducción de
>>lenguaje de una falsa filosofía, y contra la timidez supersti-
>>ciosa de una falsa religión.>>

<<A todas estas consideraciones permítaseme agregar la opinión
>>del R.P. Monsabré, que reúne al brillo de la elocuencia sagra-
>>da la seguridad de la doctrina, el cual después de haber recla-
>>mado de los sabios la modestia, añade: En cuanto a los intér-
>>pretes de la Biblia no están menos obligados que los hombres
>>de ciencia a estar en guardia contra sí propios, si no han de
>>comprometer la nobleza y santidad de su causa. Absténganse
>>pues de toda desconfianza injusta respecto a los sabios, y re-
>>cuerden que el hombre al pecar no ha perdido el derecho, ni el
>>poder de sondear los secretos de la naturaleza; que es una mi-
>>serable condición de espíritu considerar como otros tantos

>>conspiradores enemigos de la fe a todos los que consagran su >>vida a registrar los resultados de la experiencia, y estar >>siempre dispuestos a disputarles sus descubrimientos por te- >>mor de que estén en oposición con la palabra divina. Un cre- >>yente que se respeta no tiene esos terrores. Nada teme de la >>ciencia falsa, que siempre queda confundida; nada de la verda- >>dera que siempre resulta conforme con la Verdad.... Y digo >>más, señores, la exégesis tiene el derecho de rectificar in- >>terpretaciones envejecidas, cuando la experiencia nos convence >>de su insuficiencia o de su falsedad. Recordemos lo que decía >>Santo Tomás: Creed inquebrantablemente en la verdad de la >>Escritura; pero como puede ser expuesta de diferentes maneras, >>guardaos bien de una adhesión exclusiva a una explicación cual- >>quiera, y no sostengáis que ésta es la verdadera, cuando la ra- >>zón ha demostrado de una manera cierta que es falsa; pues así >>exponéis la sagrada Escritura a la burla de los infieles, y >>les cerráis el camino que podría conducirlos a la fe: Santo >>Tomás seguía en esto a San Agustín, y estos dos grandes genios >>tomaban sus precauciones en frente de un progreso presentido.>>

**Después de esta cita del elocuente orador sagrado, el P. Leroy toma en cuenta la opinión explicita de Santo Tomás, muchas veces citadas por los anti-trasformistas, de la fijeza de las especies, y con sólidas razones prueba el discreto dominico que la especie, que tiene por inmutable el egregio doctor, es la especie metafísica y la especie lógica, pero no la especie fisiológica, recordando de paso que los escolásticos, que admiten terminantemente**

la generación espontánea, no podían negar a la naturaleza el poder de modificar los tipos que inmediatamente puede producir; así concluye esta interesante discusión:

<<Así pues bajo el punto de vista religioso queda demostrada
>>la libertad de discusión sobre el origen de las especies; y
>>no creo que nadie puede imponer la creencia en la fijeza de los
>>tipos orgánicos en nombre de la sagrada Escritura o de la tra-
>>dición.>>

Insiste después el padre Leroy en que la Biblia se presta admirablemente a una interpretación en sentido evolucionista, apoyándose en el texto - germinet terra, producant aquae - <<Dios,
>>dice, dejó que las causas segundas obren a la medida de su ener-
>>gía, y siguiendo las leyes que él ha dictado; dales todo el
>>tiempo que necesitan para cumplir su tarea; y la tendencia a
>>sustituir a esta acción lenta de los elementos el golpe de va-
>>rilla mágica, me parece que más bien procede de nuestra igno-
>>rancia, que de una verdadera inteligencia del texto sagrado.>>

Siento no disponer de tiempo suficiente para leeros íntegro este hermoso capítulo, que es él solo un tratado de paz honrosa y duradera entre la ciencia verdadera y la religión verdadera, no la que se usa por estas tierras; pero no he de concluir sin hacer oír lo que opina el Pr. Leroy sobre la cuestión batallona, la ascendencia del hombre. Dice nuestro fraile que es muy difícil exceptuar al hombre de la ley general del trasformismo, según la cual todos los tipos actuales descienden de otros inferiores ya desaparecidos; por su parte no cree probada ni mucho

menos nuestra ascendencia simiana, y encuentra diferencias tales entre el hombre más imperfecto y el más perfecto antropoide que establecen una separación absoluta entre ambos. <<Pero aunque
>>así no fuera, pregunta ¿qué resultaría? Nada más sino que en
>>rigor el cuerpo del hombre podría derivar del cuerpo del ani-
>>mal. ¿Y qué mal hay en esto? Entiéndase bien, se trata del
>>cuerpo del hombre, no del hombre total; se trata de una sim-
>>ple posibilidad, no de una certidumbre; es posible que el
>>cuerpo del hombre derive de la animalidad, según el tras-
>>formismo, viniendo a ser el coronamiento de la evolución or-
>>gánica, y como la síntesis de todas las existencias inferiores
>>que le han precedido sobre la tierra; y bien, repito ¿qué
>>mal hay en esto? Veamos, pero de buena fe ¿dónde está el
>>abismo que separa al hombre de la bestia? ¿No está en el al-
>>ma racional, en ese principio inmaterial, incorruptible que
>>le asegura su inmensa superioridad?.... Defiéndase mientras
>>razonablemente se pueda la creación del cuerpo humano por el
>>mismo Dios, mírese la como una opinión más conforme con el sen-
>>tido de la Escritura y con la tradición; pero, en nombre del
>>cielo, no se haga de ella la ciudadela del espiritualismo, el
>>complemento obligado de nuestra fe de cristianos.>>

Llegamos al fin del capítulo, que os ruego fijéis en vuestra memoria. ''Desde que se admite a Dios creador de los elementos
>>y de las causas segundas, gobernando el universo por sus leyes
>>soberanas y según el plan que ha concebido, se está de lleno
>>en el seno de la ortodoxia. En cuanto al modo, que plugo al

>>Supremo arquitecto emplear para la formación de los mundos,
>>queda el campo abierto a las conjeturas; pueden aquí los sabios
>>dar libre vuelo a sus investigaciones; a ellos principalmente
>>se aplican estas palabras del Ecclesiastés: Mundum tradidit
>>deus disputationi eorum.>>

Y ahora señores creo haber cumplido mi palabra; creo haberos demostrado que sin abusar de vuestra tolerancia religiosa he podido traer a este sitio asunto como el escogido para tema de mis conferencias; y aun si pudiera creer compatible con mi insignificancia grandeza ninguna, creería haber prestado un buen servicio a la ciencia y a la religión, contribuyendo a vulgarizar libros como los del reverendo P. Leroy. De todos modos creo haber conquistado la libertad, que necesito en mi última conferencia para terminar mi tarea, y ése ha sido mi propósito principal al leeros la obra del dominico. Cuando Alfonso el sabio hacía sus estudios astronómicos, es fama que en un momento de mal humor, acaso producido por los famosos epiciclos, que tanto molestaban a Santo Tomás, hubo de exclamar. "Si Dios me hubiera llamado a su consejo al hacer el mundo, algo mejor hubiera salido"; pero si para ese tiempo Galileo hubiera ya explicado su sistema astronómico, ahorrárase el piadoso rey su blasfemia aparente, y los que le oyeron el consiguiente escándalo. Yo señores también creo el mundo viviente mejor hecho, desde que Darwin nos enseñó cómo fué hecho; y puedo hacer esta afirmación sin que ninguno de los que habéis oído al P. Leroy tenga derecho para acusarme de impío; antes bien habéis contraído todos vosotros el deber no sólo de no escandalizaros cuando esto afirmemos los que así pensamos, sino de procurar que nadie delante de vosotros de buena fe o de mala fe se escandalice.

HE DICHO.

## TERCERA CONFERENCIA

SEÑORES:

Cuando el gran astrónomo Laplace presentó a Napoleón el primer ejemplo de su mecánica celeste, el emperador le manifestó su extrañeza de que en obra tan capital no apareciera para nada la intervención de Dios: <<Sire, contestó el sabio, no he necesitado emplear esa hipótesis.>> El emperador volvió la espalda con aquella descortesía que tan bien pinta Mr. Taine. Muchos han querido ver en esto una fanfarronada de ateísmo del astrónomo, y un movimiento piadoso del gran capitán. En realidad, señores, sabio y monarca obedecían a la distinta idea que cada uno tenía de la divinidad; diferencia de conceptos que separa en dos bandos la humanidad entera.

Los hombres de acción, más conocedores de los efectos que de las causas, propenden a creer en lo maravilloso, en lo singular, en lo que no está sujeto a leyes; y cuando los actos que realizan y las empresas que acometen son del fuste de las epopeyas napoleónicas, no es extraño que en los acontecimientos que han provocado, pero que en su desarrollo han excedido todas sus previsiones, vean la intervención directa de un ser más poderoso que ellos, que sólo puede ser ese Dios por cuya gracia reinan; y créanse, señores, una divinidad enigmática, que tan pronto colma sus votos en las Pirámides, en Marengo, en Jena, en Austerlitz, tan pronto por inescrutable designio se muestra inexorable en Bailén, Beresina y Waterloo. Pero el sabio de costumbres sencillas, que sabe llevar con resignación las vulgares miserias de la vida, desde la pérdida de los seres queridos hasta la extinción lenta e incontrastable de la inteligencia, del genio, ése, señores, cree firmemente que las leyes inmutables de la naturaleza han sido establecidas con tal sabiduría por el que todo lo sabe, con tal previsión por aquél en quien no se distingue pasado ni futuro, con tan firme voluntad por el que es la justicia, que sólo en momentos de humana flaqueza osa pedir, sin esperanza, que se aparte de sus labios la copa amarga del destino; confía, si acaso, en que la divina misericordia tenga dispuesto, por orden natural, el alivio de sus miserias; y si esto no, la eficacia de su propio albedrío para sobreponerse a ellas. El primer concepto, el concepto napoleónico de la divinidad, es hijo del paganismo y nieto de la ignorancia; el segundo, el concepto de Laplace, es espiritualista en sumo grado, es altamente cristiano, y sobre todo es completamente científico.

A él me atendré, señores, para explicar la obra de la vida en la producción de todos los seres vivientes; cuando como causa inmediata de un fenómeno, o de un orden de fenómenos, se reclame la intervención directa del Creador, por los deístas, la intervención directa de una fuerza creadora no sujeta a leyes por los ateos, la ciencia tiene el derecho y el deber de rechazar tal pretensión. <<De esa cómoda manera, dice el ilustre padre Secchi, se cortan todas las dificultades, pero el filósofo

y el sabio tienen obligación de buscar las causas segundas que producen inmediatamente los fenómenos>>; y yo añado, tienen obligación de buscar el enlace de esas causas, hasta tropezar en ese recinto que oculta a nuestras miradas el principio de todas las cosas. Por desgracia, señores, ese recinto de divina oscuridad arroja tan lejos espesas sombras, que la ciencia marcha casi a oscuras desde sus primeros pasos; pero al menos no apaguemos la única antorcha que nos alumbra, la fe inquebrantable en la continuidad de una ley establecida por quien nunca ha tenido necesidad de corregir el menor rasgo de su eterna idea.

La geología y la paleontología nos enseñan irrefutablemente que antes de la aparición del hombre y del resto de los seres vivos, animales y plantas coetáneas, poblaron la superficie del planeta, en condiciones muy distintas de las actuales, otros seres, cuyos tipos específicos han desaparecido. Nadie sostiene en la actualidad que esas desapariciones hayan tenido lugar en súbitas y universales catástrofes, capaces de extirpar la vida en toda la redondez de la tierra; sábese, por el contrario, que en un período cualquiera figuran tipos que fueron contemporáneos de otros que desaparecieron antes que ellos, y de algunos que les sobrevivieron; así el ciervo gigantesco y el oso de las cavernas, que sirvieron de modelo a los primeros artistas humanos, debieron cruzarse en los bosques de gigantes palmeras con veloces equídeos, que no llegó a codiciar el jinete proto-histórico. Decirnos que es piadoso, que es meritorio creer que cada vez que un tipo viviente, incompatible con las nuevas condiciones de vida, dejó su puesto a otro tipo análogo apto para vivir en ese nuevo medio, Dios hizo milagro, es abusar de la superstición y de la ligereza de juicio; Dios puede todo lo que quiere, pero por lo mismo hizo todo lo que quiso desde el principio, y como dice el P. Leroy dió a las causas segundas el tiempo que ellas necesitan, y que a él no le hace falta. Cuando se creía en aniquilamientos totales seguidos de nuevas creaciones, cuando se ignoraba el procedimiento uniforme de la generación y desarrollo de todos los seres, cuando entre cada manifestación de la energía universal se ponían vallas infranqueables, se comprende que el hombre, sintiéndose incapaz de analizar la síntesis formidable de un período genético, se contentara con remitir la explicación a la causa primera; de ahí esa frase hueca de la intervención directa del Creador, que nada quiere decir tomada al pie de la letra. Aun ateniéndonos a ese <<salmo patriarcal>>, en que se refugian los que tienen pereza de aprender, vemos allí que sólo el mundo fué hecho de la nada; las cosas del mundo salen del mismo mundo.

Y pues en nombre de la ortodoxia excluimos el milagro, cuando menos por innecesario, veamos si dentro de la ciencia hay hipótesis más aceptable para explicar la vida actual, que la darwinista, la que establece entre todos los seres el lazo de la filiación común.

Es cosa segura que si hubiera medio hábil de excluir al hombre de esta ley común, el darwinismo hubiera tomado posesión de la ciencia oficial sin más dificultades que las encontradas por las modernas teorías de la óptica y del calor; vamos pues a analizar la posibilidad de la creación directa de un placentario; porque si ésta resulta imposible, aunque la de seres inferiores aparezca menos absurda, no se romperán lanzas en pro de la fijeza de los tipos específicos inferiores, con la saña y ardor empleados a favor de la fijeza de los tipos superiores.

No olvidéis que excluyo el milagro y hablo ahora a los hombres de ciencia, a los Agassiz, Quatrefages, Blanchard, Flourens, Brocca; en un período, ordinario para el resto de los seres vivientes, hay que hacer aparecer un tipo nuevo que sustituya a otro u otros análogos desaparecidos, y hay que hacerlo aparecer en virtud de combinaciones de las modalidades de la energía universal por lo que hace a la parte material del cuerpo, de combinaciones de la energía vital en sus manifestaciones vegetativas y animales por lo que respecta a la fisiología.

Como cuestión previa voy a conceder, señores, que la energía vital no sea en último término reversible a cualquiera de los modos de energía que posee el mundo inorgánico; concesión sólo favorable a los partidarios del milagro, pero de la que se aprovechan los sabios anti-darwinistas para rodear de misterio lo que los darwinistas quieren aclarar; lo que está hoy bien probado es que esa energía vital no es capaz de alterar la menor ley sólidamente establecida para las otras energías; la energía vital no es capaz de formar una molécula de agua, que necesite para sus fines, sin tener a mano una de oxígeno y dos de hidrógeno, y éstas en las condiciones de dinámica atómica necesarias para la combinación. Sabemos también que desde la aparición de la vida en nuestro planeta, éste no ha sido asiento de energías vitales o inorgánicas distintas de las que hoy le animan; en el mundo inorgánico sólo encontramos rocas, que casi todas, hasta las piedras preciosas, han sido reproducidas en nuestros laboratorios; en el mundo orgánico restos fosiles, cuyos elementos histológicos son por un todo semejantes a los de los seres actuales. Estas premisas, claras e irrefutables, no pueden embarullarse en trastornos universales; para negar la filiación continua hay que suponer que en puntos limitados del planeta, y en medio de general obediencia a la ley común, algunos elementos materiales se revelaron con éxito, se pronunciaron digámoslo así, para entrar enseguida, conseguido su objeto, dentro de esa misma legalidad, fuera de la cual nada se concibe en la naturaleza. Dios no pudo conspirar contra sí mismo, la vida es incapaz de alterar las leyes; luego hay que buscar en el mismo orden natural de las cosas la explicación, la razón de esa aparente sinrazón. Hay que demostrar o que una pareja de elefantes pudo brotar en algún bosque prehistórico sin más auxilio que el de las fuerzas naturales, o si esto parece fuerte, que los gérmenes de esos placentarios pudieron desarrollarse fuera del seno materno con el concurso de aquellas fuerzas.

La mecánica nos enseña que un mismo efecto puede ser resultante de causas distintas; pero la teoría de probabilidades nos demuestra que a medida que ese efecto sea más complejo el número de combinaciones de causas capaces de producirlo disminuye. Muchas maneras conocen los químicos de obtener la síntesis del agua que, en último término, se reducen todas a poner en condiciones dinámicas convenientes los átomos constitutivos del compuesto; las síntesis cuaternarias, o sean las formaciones de una sal, ya requieren condiciones más restringidas; si pasáis a examinar las condiciones de la cristalización en las disoluciones saturadas los químicos os dirán que, además de la conveniente constitución del agua madre, son necesarias precauciones exquisitas para obtener cristales perfectos; si entramos en las combinaciones de la industria como fabricación de pólvoras, de aceros, industriales me escuchan que pueden contaros cómo los más exquisitos cuidados conducen a resultados defectuosos por la intervención, a veces inevitable, de cualquier circunstancia desfavorable. Y si esto sucede en la química inorgánica y en la industrial ¡qué sucederá en esas síntesis orgánicas, que, como la producción de la urea, señalan por ahora el límite de los progresos químicos! Comparad ahora todo ello con la complicación del proceso fisiológico, y comprenderéis perfectamente que un sabio como Huxley haya podido decir que en la dinámica vital los mismos efectos autorizan a inducir idénticas causas. Y aun cuando esto no sea una verdad absoluta como lo es la proposición recíproca, es lo bastante para no poder admitir como hipótesis científica que en un momento dado hayan podido reunirse la infinidad de átomos de diversa naturaleza que constituyen el organismo de un animal placentario, agruparse y distribuirse estos átomos en moléculas de diversas naturalezas, formar células, fibras, grasas y el resto de los complicadísimos elementos histológicos. El que esto admite admite el milagro, pero no el milagro religioso, trascendente a otro mundo incognoscible, sino el milagro revolucionario, anticientífico, depresivo para el racional concepto de la divinidad.

Aparece a primera vista menos absurda la generación espontánea de gérmenes, que en virtud del concurso de circunstancias extraordinarias hayan podido llegar al estado adulto por un procedimiento distinto del de la actual gestación. ¿No proceden todos los seres genealógica e individualmente de una célula?; pues admitamos la primer célula de un animal placentario, análoga en su composición material a esas moneras en que por vez primera encarnó la vida, y dotémosla únicamente de una energía vital suficiente para suplir con el concurso de ciertas circunstancias, todo el auxilio que a los embriones actuales presta el organismo materno. ¿Quién conoce la vida lo bastante para negar esta posibilidad? ¿Quién?; toda persona que haya dedicado su atención a ese delicado proceso de la ontogenia. Nada hay más exigente que la naturaleza en el cumplimiento de las condiciones necesarias para que ese proceso tenga un término feliz. En el útero femenino se encuentran miles de óvulos con miles de expermatozoides y sólo resultan poquísimos óvulos fecundados aptos para empezar el proceso embriológico; y de esos óvulos fecundados ¿cuántos quedan a medio camino? y a significar que la vida no encontró allí las condiciones requeridas vienen los abortos, sin que a veces pueda el embriólogo señalar la lesión que determinó la muerte, o vienen los casos teratológicos a deponer en pro de esa exigencia para la producción del tipo perfecto, o vienen también esos quistes, triste espectáculo de una cuna convertida en repugnante sepulcro. No, señores, ningún embriólogo aceptará como hipótesis científica el desarrollo del proceso embrionario de un animal placentario fuera del seno materno. ¡Y pensar que desde cátedras oficiales y desde libros de texto los que a esas hipótesis recurren piden arrogantes al trasformismo las pruebas de sus afirmaciones! ¡Cierto es que Colón tuvo que demostrar ante teólogos que la tierra era esférica, que Galileo tuvo que negar ante tribunal análogo que la tierra se movía! Pero las mismas exigencias de los adversarios del darwinismo concurren a enaltecer la teoría; pídenla mucho más de lo que en la actualidad puede dar, lo que ellos no han soñado jamás en pedir a ninguna teoría; pero los darwinistas van contestando poco a poco; ellos también, como el gran genovés, van en la proa de su carabela, ojo avizor a todos los presagios de tierra; pero más felices que Colón llevan todos los medios necesarios para probar que si esa tierra no aparece, al menos la superficie que surcan es esférica; que si no encuentran el gran argumento, el simio antepasado del hombre, cuando menos, para probar que entre todos los seres vivientes no existe el lazo de una ascendencia común, tiene que naufragar toda la ciencia contemporánea; sólo siendo un grosero error cuanto sabemos puede creerse en la fijeza de los tipos específicos, fijeza que exige hipótesis como las examinadas.

Esas hipótesis podían esconder su imposibilidad antes de que

Harvey sentara los cimientos de la embriología moderna; pero hoy en medio del ambiente científico que nos rodea, cuando las teorías de los ovistas, de los espermatistas, de los que pensaron que eran los gérmenes seres minúsculos contenidos todos en la primera pareja de la especie, cuando esas explicaciones de la generación han dejado el sitio para siempre a la ovulación y evolución; en este medio experimental y de observación metódica en que vive y crece la ciencia, el absurdo de hipótesis que exijan la creación natural de parejas adultas hechas y derechas, o la gestación extra-uterina, desde la fecundación hasta el nacimiento, de gérmenes espontáneos y maravillosos, ese absurdo es tan patente, que en realidad nadie lo sostiene paladinamente. Pero no hay más caminos, o el milagro, o el absurdo, o la filiación trasformista.

Tiempo es de que estudiemos la hipótesis darwinista; porque en rigor científico hipótesis es también, pero hipótesis cuya inducción no puede haberos parecido violenta, por lo que en días anteriores habéis oído; y que hoy quiero apoyar por un análisis más delicado, del que ha de resultar el carácter científico que posee, sobre todo si se compara con las hipótesis arbitrarias que se le oponen.

Cualquiera que sea la naturaleza de la energía vital, dos leyes pueden inducirse de la observación de los hechos, y de la experimentación, en los límites en que es posible: ley de herencia y ley de adaptación. Todo organismo al reproducirse comunica a su sucesor una energía vital, que colocada en medio apropiado hace a éste capaz de realizar un tipo análogo, no idéntico, al del organismo u organismos generadores; ésta es la ley de herencia y no necesito insistir en ella; antes al contrario la observación superficial, la preocupación tradicional han dado a esta ley tal predominio en las teorías fisiológicas, que de aquí arranca la anti-científica doctrina de la fijeza de las especies. Todo organismo, cualquiera que sea su energía inicial, su energía heredada, es susceptible de adaptarse entre ciertos límites a las influencias del medio ambiente, realizando un tipo que es una resultante de la energía inicial y de las energías exteriores, orgánicas e inorgánicas, que se han combinado con la primera; ésta es la ley de adaptación, o también ley de variabilidad, de divergencia.

Tenemos, señores, como en las teorías astronómicas, dos modalidades de la energía vital, la centrípeta y la tangencial; la propiedad, aún misteriosa, de la gravitación universal, y la propiedad de la inercia se traducen en fisiología por la analogía y por la diversidad; la primera trata de contener el organismo en los límites orbitales del tipo atávico, la segunda lo empuja fuera de esos límites. Y también en el cielo de la vida vemos astros de órbitas cerradas, las especies definidas, y astros errantes de órbitas excéntricas, esos seres monstruosos que no pueden perpetuar su tipo; cuando la fuerza excéntrica apura, la elasticidad del organismo no basta, y sobreviene la muerte, que no es otra cosa que la imposibilidad del organismo para adaptarse a determinadas condiciones del medio ambiente. Asentemos pues sobre bases sólidas el conocimiento de las diversas combinaciones positivas de estas dos modalidades de la energía vital, que concurren a determinar la aparición y conservación de los tipos; y para ello en vez de apelar a la fantasía recurramos a lo que pueden dar de sí la observación y la experimentación.

En el actual período de la evolución de nuestro planeta,el efecto más notable que observamos de la combinación de la herencia y de la adaptación es la formación de razas y variedades dentro del tipo específico: con más o menos rapidez, según la intensidad de las energías exteriores, alimentación, clima, topografía, seres que influyen en la vida, vemos las diferencias entre padres e hijos, y las diferencias entre hermanos acentuarse, dando lugar a tipos cada vez más divergentes; en zoología y en botánica la divergencia puede alcanzar límites tales, que los naturalistas más expertos dudan muchas veces si el tipo específico ha sido o no respetado por la variabilidad. Si comparamos el tipo humano proto-histórico de Solutre, de Cro-Magnon, de la Nanlette,con el actual tipo germano o latino, o estos últimos con los tipos australianos, admitiremos que la elasticidad del organismo humano es grandísima; no menor se presenta en todos los animales que el hombre ha domesticado y que le han acompañado en sus peregrinaciones por la faz de la tierra; ved un enorme terranovo al lado de un diminuto falderillo, y esos dos tipos que tienen un antepasado común, ni siquiera pueden procrear juntos por imposibilidad material. No es el tiempo el que produce estas divergencias; el tiempo es sólo condición necesaria para que se presenten circunstancias tales, que por su energía súbita o reiterada sean capaces de modificar en sentido viable, sin producir la monstruosidad o la muerte, el impulso hereditario que tiende a reproducir con la mayor analogía posible el tipo primitivo. Así pues todo individuo es una resultante viable de la energía heredada y de las energías exteriores, con las que la casualidad le puso en contacto; si comparáis el número de individuos posibles en cada especie, tantos como gérmenes han producido los organismos adultos, con el número de adultos de cada especie, os inclinaréis siempre a buscar la explicación de los fenómenos biológicos en las causas eficientes,no en la teleología, o causas finales; buscaréis siempre el por qué, no el para qué.

Un individuo que vive en medio análogo al de sus generadores, se asemejará a estos, en todas las fases de su vida, y al reproducirse engendrará un ser también muy semejante a los abuelos; pero si el individuo vive en medio muy diferente de aquél en que vivieron sus padres, divergirá de éstos más o menos profundamente en el proceso de la vida, y al engendrar comunicará a su sucesor un impulso hereditario, que ya no es el mismo que él recibió al ser engendrado. Teóricamente esto es irreprochable; la observación confirma la teoría. Vengan períodos de equilibrio, mejor dicho de ritmo en las circunstancias exteriores que influyen en la vida, y esos períodos, como el que hoy atravesamos, sólo presenciarán cambios someros en el tipo específico de los seres; vengan períodos de trastornos, de cambios profundos, bruscos o lentos, y en ellos desaparecerán ciertos tipos cuya elasticidad de adaptación no habrá sido suficiente, y sobrevivirán aquéllos que, merced a divergencias acumuladas, hayan encontrado facilidades para la vida donde los otros tropezaron con la muerte.

La necesidad del progreso no puede afirmarse a priori, la ley de diferenciación, que se observa desde la monera hasta el hombre, es una ley inducida de la historia de la biología; si a partir, por ejemplo, del período geológico en que apareció el primer vertebrado, las energías cósmicas y telúricas hubieran determinado un retroceso, en sentido de que la faz del planeta volviera a las condiciones de los períodos secundarios y primarios, la vida no hubiera vuelto acaso a los protozoarios del período laurentino, pero de seguro no habría tenido la grandiosa coronación que hoy conocemos; probablemente hubiera vuelto hacia los tipos inferiores, y el anfioxus en vez de reclamar derechos a figurar entre nuestros ascendientes tendría miserable progenie apenas provista de un rudimentario sistema nervioso. Esta concepción mecánica de la vida no excluye la teleología más grandiosa, la unificación de la causa eficiente primera y de la última causa final, la idea de Dios y sus desarrollos, libres para él cuando los estableció, fatales, determinados para nosotros cuando tratamos de conocerlos.

Pero la historia de la tierra nos dice que hay progreso; que la combinación de la herencia y de la adaptación ha tenido por resultado ese progreso que nos revelan acordes la paleontología, la ontogenia y la taxonomía, y necesario es que expliquemos cómo esto ha sucedido, y que hagamos ver que la explicación no exige trastorno ninguno de las leyes que conocemos. No es que tengamos la pretensión de seguir paso a paso ese proceso biológico, como un artillero sigue las particularidades del complejo movimiento de un proyectil, precisando para cada momento los elementos dinámicos para cada partícula de aquél; no; únicamente vamos a buscar un orden de fenómenos biológicos donde se perciba con toda claridad cómo esas dos modalidades innegables de la energía vital, la herencia y la adaptación, tan misteriosas para nosotros como la atracción universal y la inercia, pero tan reveladas en sus efectos, han bastado para realizar los designios del Creador en la esfera de la vida telúrica; así como en esa inmensidad de los cielos ha podido producir tantos astros, sin más que esa atracción y esa inercia, que lo mismo determinan la órbita de los sistemas solares que la del más infimo átomo de las células embrionarias; y que a su vez sólo en nuestra limitada razón necesitan estar separadas, pero que en la razón divina formarán con lo que llamamos materia la síntesis suprema, que contiene el universo como obra del Creador.

Ya os extrañará que en tanto tiempo como llevamos hablando de Darwinismo no se hayan pronunciado aún las palabras <<selección>>, <<lucha por la existencia>>. En realidad pudiéramos excusarnos de pronunciarlas, pues ambas no expresan en último término más que combinaciones de la herencia y la adaptación; pero así como en el estado actual de nuestros conocimientos la electricidad exige en todo tratado de física capítulo aparte, por más que el estado eléctrico de los cuerpos se nos revele siempre por fenómenos de movimiento, de calor o de luz, por reacciones químicas, así en la biología es preciso estudiar la selección en su obra de progreso, por más que los elementos analíticos de ella sean la herencia y la adaptación.

Empecemos por la selección artificial que fué para Darwin la confirmación experimental de su teoría. Es cosa sabida que los hermanos no son idénticos entre sí, ni idénticos a sus padres; supongamos un ganadero que quiera poseer rebaños de carneros cubiertos de finísimo vellón; pues empieza por buscar una pareja que tenga la lana más fina que las demás. Si en las circunstancias exteriores no hay nada que contraríe el impulso hereditario en este sentido, es seguro que la descendencia de esta pareja se distinguirá por la finura del vellón; entre esta descendencia se escogen parejas en que el carácter apetecido sobresalga; y siguiendo con tino y discernimiento esta selección, al cabo de algunas generaciones se llegará a obtener una variedad, o si se quiere raza, en que predominará una finura de lana superior a la de la primitiva pareja. Claro es que para llegar a este resultado es preciso conocer qué circunstancias exteriores son favorables y cuales contrarias, y por lo tanto auxiliar el cambio apetecido con una alimentación especial, con una habitación y género de vida también especiales, que desgraciadamente sólo la experiencia adquirida por tanteos puede indicar; y como el carácter modificado depende de la modificación sensible de una parte del organismo, y esta parte generalmente no se modifica sin que también se modifiquen otras con la primera íntimamente relacionadas, puede resultar y generalmente resulta que la raza o variedad obtenida por selección artificial presenta no uno sino varios caracteres típicos. Unas veces la modificación es persistente y resiste a un cambio de circunstancias exteriores desfavorable, y hasta a un cruzamiento con razas distintas; otras veces la herencia atávica ha conservado su vigor latente, ha sido menos modificada en el embrión, y la raza degenera volviendo al tipo tronco. Por lo demás la selección artificial, a pesar del poco tiempo de que dispone para la modificación del tipo, a pesar de proceder empíricamente en la disposición de circunstancias favorables, ha llegado a resultados notables; sin citar los trabajos clásicos de Darwin, que logró demostrar prácticamente que las innumerables variedades y razas de palomas, que todo aficionado conoce, pueden obtenerse a partir de la paloma azul, es cosa auténtica que un inglés, Mr. John Seebright, obtenía en tres años un pichón que en un punto designado de antemano ostentaba una pluma del color que se quisiera; el mismo reclamaba seis años para obtener modificaciones anatómicas en la forma del pico y de la cabeza. ¿Y no son casos patentes de selección artificial esos cultivos de los líquidos virulentos en que el microbio va perdiendo sucesivamente sus propiedades mórbidas hasta convertirse en una raza no sólo inofensiva para el organismo superior en que se inocula sino incompatible y enemiga de la raza tronco, y en las condiciones de vida parasitaria muy superior a ésta?

La naturaleza, señores, tiene también sus procedimientos de

selección, sólo que con relación a ese fin que nosotros creemos entrever, el progreso, esos procedimientos unas veces son combatidos y otras favorecidos por las circunstancias exteriores; y en vez del discernimiento del hombre, interesado en obtener un resultado especial, interviene la lucha por la existencia, en la cual, como en las luchas humanas, no siempre vencen los mejores. No ha sido feliz a mi juicio la elección de la palabra; tiene ésta para el vulgo una significación, que se compadece muy mal con el carácter generalmente pasivo de los conflictos de fuerzas naturales que con ella se han querido designar. Que en un territorio seco, donde viven varias plantas, sólo prosperen aquéllas que por su natural constitución puedan prescindir del elemento acuoso, o las que provistas de órganos especiales puedan recoger y apropiarse la imperceptible humedad atmosférica, y que ésas solas lleguen a constituir la flora regional, y que entre ellas descuellen y abunden las mejor dotadas, bien para vivir sin agua, bien para aprovechar la que la casualidad pone a su alcance, cosa es que se explica perfectamente por un procedimiento de selección natural en un todo análogo al de la selección artificial; pero parece duro al sentido vulgar denominar tal conjunto de fenómenos lucha por la existencia. Obsérvase que en islas de corta extensión predominan los insectos de alas cortas; y es que los que las tienen largas, al tender su vuelo, son arrebatados por el viento y van a morir entre las olas; y asi, en esas islas, deben encontrar los entomólogos las más variadas colecciones de insectos no voladores;

también aquí se ve la selección natural en su obra ciega de favorecer unos organismos y contrariar otros, pero no se ve claro que unos ni otros luchen por la existencia. En los moluscos pelágicos se nota gran abundancia de los trasparentes o coloreados de azul, y se explica por qué éstos escapan mejor a la voracidad de los grandes peces. Cuando al lado de seres llenos de necesidades y de medios de satisfacerlas vemos prosperar otros muy rudimentarios, que no excitan la codicia de los primeros porque ni para pasto les sirven, ni lo que a unos les basta para vivir a los otros llama la atención, cuando eso vemos nos inclinamos a dar a los procedimientos de la selección natural una explicación mecánica, que está reñida con el significado que instintivamente concedemos a la palabra lucha.

Casos hay, y muchos, en que efectivamente la conservación del individuo y de la especie se encomienda a la lucha, obteniéndose la victoria por superioridad de fuerza, de agilidad, de astucia; de estas luchas los mejores ejemplos los tenemos en la especie humana, y la cuestión de Irlanda, el socialismo, y el parlamentarismo (1) podrían servirnos mejor que un tratado de historia natural darwinista para apreciar sus caracteres. En tales luchas se templan los fuertes y se hacen más fuertes; se debilitan los débiles y tienden a desaparecer, o a modificarse de manera que los medios de satisfacer sus nuevas necesidades no exciten la codicia de sus adversarios invencibles. Pero a lo mejor cambia el medio ambiente, y los que parecían mejor dotados sucumben los

(1) Son los títulos de las tres conferencias que precedieron a las nuestras.

primeros, y el humilde siervo de la gleba formado por el trabajo, o el judío expatriado educado en la economía se sobreponen con su ciencia y su dinero al descendiente del conquistador altivo que heredó cualidades impropias para una época nueva, para una civilización distinta de aquélla en que todo lo podía el brazo fuerte y el valor indómito. Así, señores, en la historia de la tierra han desaparecido grandes y formidables tipos, y han dejado su sitio al sol a otros organismos más modestos en la apariencia, mejor constituidos con relación al medio ambiente.

Y para distraer un momento vuestra atención fatigada voy a daros un curioso ejemplo de extrañas alianzas que los seres contraen inconscientemente en esa fantasmagoría del eterno combate por la vida; es clásico y podéis leerlo en cualquier obra darwinista. Atribúyese la gran pujanza intelectual y corporal de la juventud inglesa al gran consumo de carne, fácil por el mucho ganado vacuno que pasta las extensas praderas de trébol cuya fecundación exige que pululen ciertos abejorros que al libar la flor llevan el polen del macho a la hembra; persiguen a los abejorros los topos, y si hubiera muchos topos disminuirían los abejorros, el trébol padecería de forzosa esterilidad, menguaría el pasto y por ende el ganado, y la facilidad de consumir carne, con grave detrimento de la lozanía y robustez de la mocedad inglesa; pero, nuevo caso del sic vos non vobis del poeta, las solteronas inglesas emplean sus hueras afecciones en el cuidado de robustos gatos, que persiguen a muerte a los topos, y dándole el gato al rato, el rato a la cuerda etc. etc. resulta que la vieja Inglaterra tiene tanto que agradecer a sus doncellas como a sus matronas. Es de presumir que si las doncellas inglesas renunciaran a los gatos, por un despecho muy justo, los ingleses se procurarían la carne por otros medios.

Bien se me alcanza que esta lucha activa o pasiva para la existencia, o mejor dicho que esta selección natural, os parecerá suficiente razón de la prosperidad de ciertos organismos y de la decadencia y extinción de otros; pero que todavía veréis difícil que por tan sencilla combinación la naturaleza viviente haya podido alcanzar la maravillosa diversificación que ponen de manifiesto la paleontología y la taxonomía. Figuraos varias moneras en los albores de la vida viviendo en un medio que cuenta limitados elementos para la nutrición de aquellos organismos; mientras los elementos nutritivos basten para todos ellos no habrá en realidad selección; pero en cuanto sean insuficientes para toda la colonia, moneras mejor dotadas entre todos por insensibles particularidades vivirán y se reproducirán comunicando a sus herederos aquella particularidad ventajosa que es ya condición indispensable de vida; como en otros puntos subsistirá el tipo primitivo, ya tenemos una primera diversificación, que podríamos suponer fuese o la adquisición del núcleo, o la de la corteza, o la de ambos elementos; o también la aparición de apéndices de locomoción o prensiles; y todos estos caracteres diferenciales entre organismos mono-celulares se observan hoy día, y no hay duda de que semejantes adquisiciones constituyen una ventaja en la lucha por la existencia. Pero es preciso que entendáis bien esto; cuando el impulso hereditario combinado con las energías exteriores en las mil formas resultantes, que pueda producir, acierta con una viable en el medio ambiente, ésa vive y se reproduce; las otras formas mueren; y como puede haber diversas combinaciones viables en el mismo medio, y en cada medio distinto, de aquí la diversidad de tipos en la misma región, y en regiones distintas. Sobrevienen en puntos del globo esos grandes cambios ora bruscos, ora lentos que nos revela la geología y tenemos nuevos motivos poderosos de diversificación. Ya os he dicho que a priori no podíamos descubrir que esa diversificación tendría por ley necesaria el progreso; ese progreso es una ley inducida, es la traducción lógica de los hechos observados; así pues nunca llegaremos a ver claro si nos empeñamos en formarnos una idea preconcebida de las energías orgánicas e inorgánicas sin atender a las enseñanzas del pasado y del presente.

Debemos discurrir así: la vida ha comenzado para toda la cadena de seres vivientes como comienza hoy para cada individuo de cualquier especie; la fuerza vital con el concurso de otras energías exteriores ha sido capaz de ir produciendo organismos más complicados cada vez, como hoy va complicando el organismo individual en el proceso ontogénico; luego ese poder de conservación y variación debe asignarse a la fuerza vital, por más que no podamos analizarlo; con la misma lógica con que al movimiento de la materia asignamos el poder de producir la maravillosa variedad de fenómenos del mundo inorgánico, sin que tampoco poseamos la formula analítica de todos y cada uno de esos fenómenos. Aceptando, como un postulado derivado de la filosofía natural, que una fuerza en sendas combinaciones con fuerzas distintas produce resultantes distintas; como datos experimentales, que la fuerza vital no puede alterar las leyes generales de la energía universal, que la fuerza vital posee las dos modalidades de la herencia y de la adaptación, y que el resultado observado de la combinación es la diversificación y el progreso; tendréis la base sólida de la teoría trasformista; bien podemos desafiar a la escuela anti-darwinista a que presente para sus fantasías punto de partida tan sencillo y tan conforme al espíritu de la ciencia moderna.

Una combinación de la herencia y la adaptación, digna de tomarse en cuenta, la ofrece el cruzamiento de variedades y razas de la misma especie, de especies congéneres y bigéneres; el primero da origan a los tipos mestizos, el segundo a los híbridos. Es creencia vulgar que entre ambos resultados de la variabilidad de los organismos hay la diferencia de que los tipos mestizos se reproducen indefinidamente, llegando por la herencia a constituir razas o variedades bien definidas, al paso que los seres híbridos o no se reproducen, que es lo más general, o engendran seres que pierden la facultad de reproducirse a la tercera o cuarta generación. Entre las plantas hay híbridos que gozan de una facúltad de reproducción indefinida, y entre los animales tenemos por lo menos el leporido Huxley, que viene reproduciéndose hace más de 40 años con gran placer de los gastrónomos de París. No quiero tocar esta cuestión bajo el punto de vista de argumento contra el dogma de la fijeza de la especie, base de las teorías anti-darwinistas; requeriría esto sólo una larga conferencia; además, con el giro que he dado a la cuestión, no necesito rebuscar errores en esas teorías; que bastante tendrían que hacer, si aún les quedara aliento para buscar una hipótesis genética aceptable bajo el punto de vista científico. Mencionamos el mesticismo y el hibridismo como una prueba de que el individuo puede salvar los límites del tipo específico sin intervención de energías extra-naturales. Otro filón inagotable de pruebas favorables a la variabilidad, que resulta de las combinaciones de la herencia y de la adaptación, es el estudio de los diversos géneros de reproducción; tampoco tenemos tiempo para hacer hincapié en esos hechos, que os harían ver lo imposible de basar la noción de la especie en la semejanza del padre al hijo, como por el hibridismo se hace imposible basarla en la facultad de reproducción; pero que yo sólo aprovecharía para haceros ver la obra sorprendente de la variabilidad orgánica.

---

Y ahora, señores, que creo estar en posesión científica de esa variabilidad, y que auxiliado por ella puedo subir sin chocar con vuestras creencias desde la monera al antropoide o mono del período terciario, quiero dar un paso más que me exige la firmeza de mis convicciones. No esperéis que vaya a explicaros dogmáticamente la genealogía del hombre; yo no creo probado, ni mucho menos, que tales o cuales tipos fósiles tengan las mayores probabilidades de contarse entre nuestros ascendientes directos; más digo, no sé si la mayor analogía del organismo siniano con nuestro organismo es prueba suficiente del mayor parentesco entre el hombre y los grandes catarrinianos sin cola ¿quién sabe si nuestra rama genealógica es tan escueta que en el presente sólo contemos entre los seres vivos parientes muy lejanos, y en qué familia, en qué orden, en qué clase habría que ir a buscar el antepasado común? Pero hecha esta última concesión a nuestros escrúpulos, yo no vacilo en creer que el hombre desciende por selección natural de otros organismos inferiores cuyos informes retratos pueden sorprenderse en el proceso ontogénico; yo creo, señores, que hubo un momento supremo en que ese organismo primitivo, modificado por la adaptación, tuvo las condiciones necesarias para que en él latiese el alma racional; fué nuestro padre un bruto y no nos avergoncemos de nuestro origen, pues a formarnos contribuyó todo el universo por voluntad de Dios en el momento de la creación; pero si aún se resiente nuestra vanidad, en ese momento supremo en que el bruto engendra al hombre, baje en buen hora el Creador, muévase lo que es inmutable, tanga una idea nueva el que es la idea toda y eterna, y baje, digo, a tenernos entre sus brazos en esa pila bautismal en que hemos de recibir el agua purificadora que borre de nosotros el horrible pecado de la animalidad. Yo, por mi parte, creo que ese bautismo es mucho más antiguo; antes os lo he dicho, Dios hizo el mundo, y del mundo salen todas las cosas, las que creemos conocer y las que creemos incognoscibles; y todas ellas vuelven a Dios por modos y maneras para nosotros impenetrables; entre ese principio y ese fin impera la continuidad de una ley, que es la voluntad divina, que unos creen en absoluto inasequible a la razón humana, y otros no; ésta es toda la diferencia. Pero como importa mucho, y más en el presente año (1), que no pueda decirse que esta modesta silla es cátedra de impiedad, y ni siquiera de herejía, os recuerdo dos pasajes leídos aquí en la anterior conferencia; discurriendo sobre la repugnancia de los fieles a admitir nuestra ascendencia animal, dice el padre Leroy <<pero, en nombre del cielo, no se haga de ella la ciudadela del espiritualismo, el complemento obligado de nuestra fe de cristianos>>; y por lo que toca a mis opiniones sobre la intervención directa del Creador os citaré el final del capítulo: <<Desde que se admite a Dios creador de los elementos y de las causas segundas, gobernando el universo por sus leyes soberanas y según el plan que ha concebido, se está de lleno en el seno de la ortodoxia.>>

---

Y ahora resumamos la concepción darwinista del origen de las especies. Las diferencias individuales, que no alteran el tipo específico, van acentuándose por la selección; los cambios en el medio ambiente debidos a las revoluciones y evoluciones geo-

---

(1) Invitado por la Junta Directiva del Casino debió abrir las conferencias de este año el Illmo. Sr. Obispo de Oviedo, Fr. Ramón Martínez Vigil, de la orden de predicadores, persona peritísima en ciencias naturales; altas razones de conveniencia impidieron que el Casino y los conferenciantes recibieran tan señalada honra.

lógicas auxilian el trabajo de la selección haciendo perecer los tipos menos favorecidos, y crecer y prosperar los más aptos en cada circunstancia. En casos dados el cruce de especies distintas, o cuando menos de variedades bien definidas, puede producir los tipos destinados a sustituir a los generadores; pero generalmente estos tipos supervivientes habrán procedido de la adaptación al medio ambiente; lo más probable, y en esto seguimos la opinión de Hartmann, el ilustre filósofo de lo Inconsciente, es que la producción de tipos de especies nuevas se deba a un acto de generación heterogénea; es decir, a la acumulación de los efectos de adaptación en un germen que termine su proceso ontogénico con caracteres específicos distintos de los de sus padres. No debe suponerse un cambio incesante y mucho menos en un sentido constante; hay períodos de gran estabilidad en el medio ambiente, y en éstos las emigraciones forzosas o voluntarias, los cruces, y la intervención humana darán lugar a variedades y razas; un período de éstos estamos atravesando. La adaptación al medio es la ley absoluta, teórica; el progreso es la ley inducida; en la evolución puede pues haber movimiento retrógrado; y sobre todo, el progreso de cada organismo no será siempre absoluto, pues cada organismo está apropiado a sus condiciones de vida; nosotros somos más perfectos que el perro y no tenemos su olfato; un topo no envidiaría, aunque pudiera, la vista del ave de rapiña. Por eso cada período geológico ha contado con una flora y con una fauna más rica en tipos genéricos, de familia, de orden, que las precedentes; porque al lado de los organismos más complicados se conservaron los más rudimentarios, y la fuerza modificadora de la adaptación se combinaba con impulsos hereditarios cada vez más diversificados.

Bien comprenderéis, señores, que este darwinismo disecado que os he presentado, no responde ni con mucho a la realidad del darwinismo vivo, moviéndose afanoso en el mundo de la experiencia y de la observación, que es su verdadera atmósfera; por más que esté perfectamente adaptado a la vida del libro, del discurso, de la discusión académica. Gran verdad hay en la frase de Mr. de Lapparent <<la contemplación de mis colecciones de fósiles me inclina a creer en la evolución>>; pues el estudio de la embriología hace imposible creer en el origen independiente de las especies, y por lo tanto en su fijeza. Pienso que me he declarado enemigo del milagro como explicación científica tal vez con una insistencia que pudiera ser mal interpretada; pues bien, si hubiera que admitir que la filiación de todos los seres es un sueño, yo, al par que creería que la ciencia es otro sueño, otra generosa locura del alma humana, admitiría el milagro casi permanente como origen de las especies.

Pero de que la hipótesis darwinista sea la única base científica del estudio de la biología no ha de deducirse que la biología darwinista sea una ciencia acabada; muchas cuestiones hay a las que el darwinismo contesta medianamente; tal vez la pregunta está mal hecha; pero cuando el darwinismo tartamudea las otras teorías callan como mudas. No todo está bien probado; ni en la explicación de hechos de detalle, ni aun en teorías importantes; no es eso señal de error en la hipótesis primera; ahora salimos con que quizás la tierra sea más antigua que el Sol, y sin embargo la gran teoría de Laplace puede seguir siendo verdad en lo esencial. Y pudiera citaros mil verdades que salieron demasiado bruñidas del cerebro del genio, y que la observación va llenando de arrugas, porque hasta las verdades se arrugan al envejecer; pero en el fondo queda intacta la idea filosófica, y en el fondo del darwinismo está perfectamente abrigada la gran idea de la evolución, ley suprema de este universo de fases pasajeras sicut navis, velut umbra, ley que invade todos nuestros conocimientos y que vivifica todo lo que invade.

He concluido, señores; fuera descortesía pediros perdón por haberos molestado, y fuera además hipocresía; cuestiones como la que yo he tocado, aun estando de mi cuenta no puéden aburrir a nadie; lo que sí es muy puesto en razón, que yo os desee mayor deleite, cuando alguno, de los que me escuchan, una a la importancia del asunto mayor habilidad en la exposición; sirva de ejemplo a toda modestia exagerada mi poca aprensión, y pueda yo decir como el poeta <<Hice las veces de la piedra de afilar, no corté, pero serví para que otros cortaran.>> - HE DICHO.

# BIBLIOGRAFÍA

## I PRIMERAS TRADUCCIONES AL ESPAÑOL DE LAS OBRAS DE CHARLES R. DARWIN.

- Origen de las especies por selección natural o resumen de las leyes de trasformación de los seres organizados, Madrid, 1872. Imprenta a cargo de Jacobo María Luengo, calle del Fomento, 15. Comprende los tres primeros capítulos y la publicación queda suspendida.
- El origen del hombre. La selección natural y la sexual, Barcelona, 1876, Imprenta de la Renaixenza, Puertaferrisa, 18, bajos.
- El origen de las especies por medio de la selección natural, Biblioteca Perojo, Madrid, 1877. Trad. de Enrique Godínez.
- La descendencia del hombre y la selección en relación al sexo, Madrid, 1885. Trad. de J. Perojo y E. Camps.

## II LIBROS

- Azcárate, G., Estudios filosóficos y políticos, Madrid, 1887. En especial el cap. I, 'El positivismo y la civilización', pp.1-125.
- Barnett, S.A., ed., Un siglo después de Darwin, Madrid, 2ª ed., 1969. Es traducción del libro inglés A Century of Darwin, Londres, 1962.
- Cámara, T. de, Contestación a la Historia del conflicto entre la Religión y la Ciencia de Juan Guillermo Draper, Valladolid, 1879.
- Chadwick, O., The secularization of the European Mind in the Nineteenth Century (The Gifford Lectures in the University of Edinburgh for 1973-4), Cambridge, 1975.

- Cobbe, F.P., Darwinism in Morals and Other Essays, Edimburgo 1872.
- Draper, J.W., History of the Conflict between Religion and Science, N.Y., 1873.
- Eoff, S.H., The Modern Spanish Novel, N.Y., 1961.
- García Alvárez, R., Nociones de Historia Natural para el uso de los alumnos de Segunda Enseñanza, Granada, 1ª ed., 1859. La 2ª ed., 1867, incorpora la teoría transformista.
- Discurso leído en la solemne apertura del Curso académico 1872 a 1873, Granada, 1872.
- Estudio sobre el transformismo, Granada, 1883.
- Glick, T.D., ed., The Comparative Reception of Darwinism, Austin y Londres, 1974. Especialmente el capítulo 'Spain', pp.307-45.
- Gómez-Santos, M., Leopoldo Alas 'Clarín', Oviedo, 1952.
- González, C., Historia de la filosofía, 2ª ed., Madrid, 1876.
- La Biblia y la ciencia, Madrid, 1891.
- Gonzalez de Arintero, J., La evolución y la filosofía, Madrid, 1898.
- González Serrano, U., Ensayos de crítica y filosofía, Madrid, 1881. En especial el ensayo titulado 'El naturalismo moderno', pp.119-61.
- Haeckel, E., Historia de la creación natural o doctrina científica de la evolución, Madrid, 1878-79.
- Leroy, M.D., L'Evolution des Espèces organiques, París, 1887.
- L'Evolution restreinte aux Espèces organiques, París, 1891.
- Letamendi, J. de, Discurso sobre la naturaleza y origen del hombre, Barcelona, 1867.
- Lida, C.E. y Zavala, I.M., eds., La Revolución de 1868, N.Y., 1970.
- López-Morillas, J., El krausismo español, México, 1956.
- Mainer, J.C., ed., La crisis de fin de siglo: Ideología y literatura, Barcelona, 1975.
- Medawar, P.B., Induction and Intuition in Scientific Thought,

Londres, 1969.

- Méndez Bejarano, M., Historia de la filosofía española, Madrid, s.a.
- Mir, M., Harmonía entre la ciencia y la fe, Madrid, 1881.
- Núñez Ruiz, D., La mentalidad positiva en España: desarrollo y origen, Madrid, 1975. En especial el cap. VI, 'La presencia del evolucionismo en el pensamiento español décimonónico', pp.163-198.
- Rico, F., El pequeño mundo del hombre, Madrid, 1970.
- Rodríguez Carracido, J., Estudios crítico-históricos de la ciencia española, 2ª ed., Madrid, 1917.
- Ruiz Salvador, A., El Ateneo Científico, Literario y Artístico de Madrid (1835-1885), Londres, 1971.
- Savage, M.J., The irrepressible Conflict between two World-Theories, Boston, 1892.
- Vorzimmer, P.J., Charles Darwin: The years of Controversy, Philadelphia, 1970.

## III ARTICULOS

- Abdón, P., 'Origen del hombre', Revista de España, 48, 1876, 448-61.
- Aliotta, A., 'Science and Religion in the Nineteenth Century', en Science, Religion and Reality, ed. J. Needham, Londres, 1925, 151-86.
- Antequera, B., 'La antropología transformista y sus errores', Revista de España, 73, 1880, 510-26.
- Azcárate, G., 'El positivismo y la civilización', Revista Contemporánea, 4, 1876, 230-50; 465-99.
- Bain, A., 'Las ideas de Darwin sobre la expresión de las emociones', Revista europea, 3, 1874-5, 568-78.
- Brotherson, J.G., 'Antonio Machado y Núñez and Positivism', B.H.S., 41, 1964, 223-39.
- Carrau, L., 'El darwinismo y la moral', Revista europea, 13, 1879, 97-99; 168-71; 289-91; 321-3.

- Estasen y Cortada, P., 'La teoría de la evolución aplicada a la Historia', Revista contemporánea, 4, 1876, 447-64; 5, 218-234.
- 'El positivismo y la teoría de la evolución', ib., 11, 1877, 420-48.
- 'La creación, según Haeckel', ib., 17, 1878, 148-66.
- Fabié, A.M., 'Examen del materialismo moderno. II El darwinismo', Revista europea, no. 43, 1874, 225-9.
- Fernández Carvajal, R., 'El pensamiento español en la segunda mitad del siglo XIX (1854-1902)', en Historia General de las literaturas hispánicas, ed. G. Díaz-Plaja, Barcelona, 1967, 10-64.
- G., E., 'Origen y desarrollo del hombre - I Darwin, Lyell y Lubbock', Revista contemporánea, 3, 1876, 403-419.
- 'Origen y desarrollo del hombre - II Darwin y Huxley', 4, ib., 1876, 68-82.
- García Maceira, A., 'Exposición y examen del darwinismo', Revista contemporánea, 108, 1897, 5-23.
- Glick, T.F., 'Science and the Revolution of 1868: Notes on the Reception of Darwinism in Spain', en La Revolución de 1868, ed. C.E. Lida e I.M. Zavala, N.Y., 1970, 267-72.
- González, C., 'El lenguaje y la unidad de la especie humana', La España moderna, 23, 1890, 81-102.
- González Serrano, U., 'La lucha por la existencia', Revista de España, 97, 1884, 404-18.
- Hahn, G., 'Tomás Enrique Huxley', Revista contemporánea, 107, 1897, 235-48; 377-98; 476-87.
- Haeckel, E., 'Los adversarios del transformismo', Revista europea, 8, 1876, 737-41.
- 'Sentido y significación del sistema genealógico, o teoría de la descendencia', Revista europea, 12, 1878, 174-83; 192-203.
- Kaplan, T.E., 'Positivism and Liberalism', en La Revolución de 1868, ed. Clara E. Lida e Iris M. Zavala, N.Y., 1970, 254-66.

- Lois, O., 'Estudios populares de filosofía positivista. El Hombre', Revista de España, 97, 1884, 249-73.
- Machado y Núñez, A., 'Apuntes sobre la teoría de Darwin', Revista Mensual de Filosofía, Literatura y Ciencias, 3, 1872, 461-70.
- 'Teoría de Darwin: Combate por la existencia', ib., 4, 1872, 3-8.
- Mena y Zorrilla, A., 'Examen crítico de la moral naturalista', Revista de España, 147, 1894, 5-23.
- Nadaillac, marqués de, 'Origen y desarrollo de la vida en el globo', Revista contemporánea, 74, 1888, 600-18; 75, 1889, 32-48.
- 'Progresos de la Antropología', ib., 82, 1891, 337-56; 468-80; 566-75.
- Núñez Ruiz, D., 'La presencia del evolucionismo en la filosofía española décimonónica', en La crisis de fin de siglo:
- Ideología y literatura, ed. J.C. Mainer, Barcelona, 1975, 42-59.
- Omalius d'Alloy, J.J. d', 'El trasformismo', Revista europea, nº 6, 1874, 181-4.
- Pardo Bazán, E., 'Reflexiones sobre el darwinismo', Ciencia cristiana, 4, 1877, 289-298; 481-493; 5, 1877, 218-233; 393-410; 481-495.
- Paulín, F., 'Consideraciones acerca del darwinismo', Revista contemporánea, 102, 1896, 337-54; 490-504.
- Perojo, J. del, 'El positivismo por Pedro Estasen', Revista contemporánea, 11, 129-32.
- Rialle, G., 'El transformismo en lingüística', Revista europea, 4, 1875, 423-29.
- Rodríguez Carracido, J., 'Curso de ciencias naturales. Primera conferencia', Revista contemporánea, 39, 1882, 5-24.
- Sánchez de Toca, J., 'La doctrina de la evolución de las modernas escuelas científicas', Revista contemporánea, 21, 1879, 55-91; 273-303.
- Soury, J., 'La Antropogenia de Haeckel', Revista contemporá-

nea, 9, 1877, 335-45; 10, 178-88. Artículo traducido de la revista Le XIX$^{e}$ siècle.

- Valera, J., 'Consideraciones críticas sobre el libro Gritos del combate de Núñez de Arce', Obras Completas, II, Madrid, 1949, pp.446-55.
- Vilanova y Pierá, J., 'La doctrina de Darwin', Revista europea, nº 114, 1876, 356-8.
- Yela, C. de, 'De la antigüedad de la aparición del hombre en la tierra', Revista de los progresos de las ciencias exactas, físicas y naturales, 10, 1860, 125-6. Es traducción resumen de un artículo publicado en L'Institut por Mr. Lyell.
- Zabalbeascoa, J.A., 'El primer traductor de Charles R. Darwin en España', Filología Moderna, 8, 1968, 269-75.

INDICE

S80 r

## EXETER HISPANIC TEXTS 1979

Subscriptions are invited for the Texts for 1979, which will be:

XXII. *Dos opúsculos isabelinos: La coronación de la señora Gracisla* (BN MS. 22020) *y* Nicolás Núñez, *Cárcel de Amor*, edición de Keith Whinnom.

XXIII. Felipe de la Torre, *Institución de un rey christiano* (Antwerp, 1556), edited by R. W. Truman.

XXIV. *The Manueline Succession: the poetry of D. Juan Manuel II and D. João Manoel*, edited by Ian Macpherson.

Subscribers may pay £3.00 for the series of three Texts, or may purchase individual volumes at £1.50 each. Cheques, payable to the University of Exeter, should be addressed to The Publications Officer, University of Exeter, Northcote House, Queen's Drive, Exeter EX4 4QJ.